Aktuelle Forschung Medizintechnik – Latest Research in Medical Engineering

Editor-in-Chief:
Th. M. Buzug, Lübeck, Deutschland

Unter den Zukunftstechnologien mit hohem Innovationspotenzial ist die Medizintechnik in Wissenschaft und Wirtschaft hervorragend aufgestellt, erzielt überdurchschnittliche Wachstumsraten und gilt als krisensichere Branche. Wesentliche Trends der Medizintechnik sind die Computerisierung, Miniaturisierung und Molekularisierung. Die Computerisierung stellt beispielsweise die Grundlage für die medizinische Bildgebung, Bildverarbeitung und bildgeführte Chirurgie dar. Die Miniaturisierung spielt bei intelligenten Implantaten, der minimalinvasiven Chirurgie, aber auch bei der Entwicklung von neuen nanostrukturierten Materialien eine wichtige Rolle in der Medizin. Die Molekularisierung ist unter anderem in der regenerativen Medizin, aber auch im Rahmen der sogenannten molekularen Bildgebung ein entscheidender Aspekt. Disziplinen übergreifend sind daher Querschnittstechnologien wie die Nano- und Mikrosystemtechnik, optische Technologien und Softwaresysteme von großem Interesse.

Diese Schriftenreihe für herausragende Dissertationen und Habilitationsschriften aus dem Themengebiet Medizintechnik spannt den Bogen vom Klinikingenieurwesen und der Medizinischen Informatik bis hin zur Medizinischen Physik, Biomedizintechnik und Medizinischen Ingenieurwissenschaft.

Editor-in-Chief:
Prof. Dr. Thorsten M. Buzug
Institut für Medizintechnik,
Universität zu Lübeck

Editorial Board:
Prof. Dr. Olaf Dössel
Institut für Biomedizinische Technik,
Karlsruhe Institute for Technology

Prof. Dr. Heinz Handels
Institut für Medizinische Informatik,
Universität zu Lübeck

Prof. Dr.-Ing. Joachim Hornegger
Lehrstuhl für Mustererkennung,
Universität Erlangen-Nürnberg

Prof. Dr. Marc Kachelrieß
German Cancer Research
Center, Heidelberg

Prof. Dr. Edmund Koch
Klinisches Sensoring und Monitoring,
TU Dresden

Prof. Dr.-Ing. Tim C. Lüth
Micro Technology
and Medical Device Technology,
TU München

Prof. Dr.-Ing. Dietrich Paulus
Institut für Computervisualistik,
Universität Koblenz-Landau

Prof. Dr.-Ing. Bernhard Preim
Institut für Simulation und Graphik,
Universität Magdeburg

Prof. Dr.-Ing. Georg Schmitz
Lehrstuhl für Medizintechnik,
Universität Bochum

Steffen Kaufmann

Instrumentierung der Bioimpedanzmessung

Optimierung mit Fokus auf die Elektroimpedanztomographie (EIT)

Mit einem Geleitwort von Prof. Dr. Martin Ryschka

Steffen Kaufmann
Universität zu Lübeck, Deutschland

Dissertation Universität zu Lübeck, 2014

Aktuelle Forschung Medizintechnik – Latest Research in Medical Engineering
ISBN 978-3-658-09770-7   ISBN 978-3-658-09771-4 (eBook)
DOI 10.1007/978-3-658-09771-4

Die Deutsche Nationalbibliothek verzeichnet diese Publikation in der Deutschen Nationalbibliografie; detaillierte bibliografische Daten sind im Internet über http://dnb.d-nb.de abrufbar.

Springer Vieweg
© Springer Fachmedien Wiesbaden 2015
Das Werk einschließlich aller seiner Teile ist urheberrechtlich geschützt. Jede Verwertung, die nicht ausdrücklich vom Urheberrechtsgesetz zugelassen ist, bedarf der vorherigen Zustimmung des Verlags. Das gilt insbesondere für Vervielfältigungen, Bearbeitungen, Übersetzungen, Mikroverfilmungen und die Einspeicherung und Verarbeitung in elektronischen Systemen.
Die Wiedergabe von Gebrauchsnamen, Handelsnamen, Warenbezeichnungen usw. in diesem Werk berechtigt auch ohne besondere Kennzeichnung nicht zu der Annahme, dass solche Namen im Sinne der Warenzeichen- und Markenschutz-Gesetzgebung als frei zu betrachten wären und daher von jedermann benutzt werden dürften.
Der Verlag, die Autoren und die Herausgeber gehen davon aus, dass die Angaben und Informationen in diesem Werk zum Zeitpunkt der Veröffentlichung vollständig und korrekt sind. Weder der Verlag noch die Autoren oder die Herausgeber übernehmen, ausdrücklich oder implizit, Gewähr für den Inhalt des Werkes, etwaige Fehler oder Äußerungen.

Gedruckt auf säurefreiem und chlorfrei gebleichtem Papier

Springer Fachmedien Wiesbaden ist Teil der Fachverlagsgruppe Springer Science+Business Media
(www.springer.com)

Vorwort des Reihenherausgebers

Das Werk Instrumentierung der Bioimpedanzmessung. Optimierung mit Fokus auf die Elektroimpedanztomographie (EIT) von Dr. Steffen Kaufmann ist der 19. Band der Reihe exzellenter Dissertationen des Forschungsbereiches Medizintechnik im Springer Vieweg Verlag. Die Arbeit von Dr. Kaufmann wurde durch einen hochrangigen wissenschaftlichen Beirat dieser Reihe ausgewählt. Springer Vieweg verfolgt mit dieser Reihe das Ziel, für den Bereich Medizintechnik eine Plattform für junge Wissenschaftlerinnen und Wissenschaftler zur Verfügung zu stellen, auf der ihre Ergebnisse schnell eine breite Öffentlichkeit erreichen.

Autorinnen und Autoren von Dissertationen mit exzellentem Ergebnis können sich bei Interesse an einer Veröffentlichung ihrer Arbeit in dieser Reihe direkt an den Herausgeber wenden:

Prof. Dr. Thorsten M. Buzug
Reihenherausgeber Medizintechnik

Institut für Medizintechnik
Universität zu Lübeck
Ratzeburger Allee 160
23562 Lübeck
Web: www.imt.uni-luebeck.de
Email: buzug@imt.uni-luebeck.de

Geleitwort

Die elektrischen Eigenschaften von lebendem Gewebe werden wesentlich durch die intra- und extrazellulären Flüssigkeiten und die Doppellipidschicht der Zellmembranen bestimmt. Während die Zellflüssigkeiten hohe Ionenkonzentrationen und damit gute elektrische Leitfähigkeiten besitzen, stellen die Zellmembranen wegen der schlecht leitenden Doppellipidschicht eine Art Isolator dar. In Folge dieser Kombination hat Gewebe eine zum Teil kapazitive und damit frequenzabhängige Leitfähigkeit, die üblicherweise durch ihre reziproke Größe, die komplexe elektrische Bioimpedanz dargestellt wird. Aus der gemessenen Bioimpedanz können Gewebearten und Gewebezustände unterschieden werden. Für die eigentliche Messung genügt es, einen kleinen bekannten Wechselstrom über Elektroden in das zu untersuchende Gewebe einzuleiten und die dabei abfallende Spannung zu messen. Der komplexe Quotient aus Spannung und Strom stellt die Bioimpedanz dar. Dabei kann der Erregungsstrom nach Amplitude und Frequenz so gewählt werden, dass er auch bei längerer Anwendung keine Gefährdung oder Beeinträchtigung für das Messobjekt oder den Patienten darstellt.

Erfolgt die Bioimpedanzmessung an einem Körperteil, wie z. B. dem menschlichen Thorax, mit mehreren gleichmäßig auf dem Umfang verteilten Elektroden, dann kann aus den gemessenen Impedanzen die räumliche Verteilung der Gewebearten in dem von den Elektroden aufgespannten Querschnitt berechnet werden. So entsteht ein zeitaufgelöstes funktionelles Schnittbild des Thorax, mit dem z. B. die Beatmung eines Patienten kontrolliert werden kann. In der von Steffen Kaufmann vorgelegten Dissertation *„Instrumentierung der Bioimpedanzmessung. Optimierung der Messverfahren mit Fokus auf die Elektroimpedanztomographie (EIT)"* werden die Entwicklungen von einem Bioimpedanzmesssystem und einem Elektroimpedanztomographiesystem bezüglich der Hard- und Softwarearchitektur sowie der wesentlichen Auswertealgorithmen dargestellt. Hierbei wird die klassische Systematik aus Anforderungsanalyse, Design und Systemverifikation konsequent angewendet, um die Optimierung der Messsysteme zu ermöglichen und schließlich nachzuweisen.

Nach der Darlegung der physikalisch technischen Grundlagen und dem Stand der Technik der Bioimpedanzmessung werden zunächst die grundlegenden Anforderungen an die Instrumentierung erarbeitet. Dazu gehört die Erörterung des Einflusses, den die Elektroden und die typischen elektrischen Störgrößen auf die Messung haben, sowie die Diskussion der Anforderungen bezüglich der Messwertabtastung und der Wahl der Stromanregungsform. Schließlich wird die Auswahl der Schaltungstopologien für Stromeinspeisung und Spannungsmessung diskutiert und die grundlegenden Einflüsse auf die Messunsicherheit der Bioimpedanzbestimmung abgeschätzt.

In einem weiteren Kapitel werden die Grundlagen der Elektroimpedanztomographie systematisch zusammengefasst und mit dem Blick auf die Verifizierbarkeit der Anforderungen Kriterien für die Leistungsbewertung solcher Systeme abgeleitet. Obwohl der erklärte Schwerpunkt der Arbeit auf der Optimierung der Instrumentierung liegt, werden die für die Systemverifikation und für die Durchführung der Anwendungsbeispiele notwendigen Rekonstruktionsalgorithmen eingehend beschrieben.

Zur Gestaltung der Systemarchitektur des Bioimpedanzmesssystems wählt Steffen Kaufmann a priori zunächst eine FPGA-basierte digitale Signalverarbeitung und Steuerung aus und konstruiert dann, den Anforderungen folgend, das analoge Frontend. Durch die gewählte softwarebasierte Signalformgenerierung können beliebige Anregungsstromformen erzeugt werden. Dazu gehört auch die Chirp-Anregung, über deren Anwendung in der Elektroimpedanztomographie in dieser Arbeit zum ersten Mal berichtet wird.

Geleitwort

Nach der umfassenden Verifizierung des Bioimpedanzmesssystems durch Messungen an bekannten Impedanzen wird eine kleine Palette von Anwendungsmessungen vorgestellt, die sehr eindrucksvoll die Leistungsfähigkeit und den Abstand zum Stand der Technik des von Steffen Kaufmann entwickelten Systems belegen.

Auf Grundlage dieser Erfahrungen wird ein Anforderungsprofil für ein Mehrfrequenz-Elektroimpedanztomographiesystem aufgestellt, das als Novität die zeitaufgelöste simultane Messung von Betrag und Phase kompletter Impedanzspektren ermöglicht. Bei der Implementierung wird die Architektur des vorher entwickelten Bioimpedanzmesssystems wiederverwendet und um eine Multiplexerstufe für 16 Elektroden erweitert. Die notwendigen Entwicklungsschritte werden von Steffen Kaufmann nachvollziehbar dargestellt und die gewählten und potentiellen Optimierungen klar aufgezeigt. In einer umfassenden theoretischen und messtechnischen Systemverifikation wird die Leistungsfähigkeit des entwickelten Tomographiesystems nachgewiesen. Schon das anschließend vorgestellte kleine Portfolio von Anwendungsmessungen zeigt die Vielseitigkeit und Mächtigkeit der in dieser Arbeit vorgelegten Entwicklung.

Abschließend nutzt Steffen Kaufmann das theoretische und messtechnische Fundament der beiden ausgeführten Entwicklungen, um ein zukunftweisendes, weiter optimiertes Elektroimpedanztomographiesystem zu entwerfen, das auf Aktivelektroden basiert. Die systembedingten Beschränkungen einer zentralen Multiplexerstufe bezüglich der Elektrodenkombinationen können hierdurch vermieden und ein digitales Bussystem zwischen den Elektroden ermöglicht werden.

Lübeck, 11.03.2015

Prof. Dr. Martin Ryschka
Labor für Medizinische Elektronik
Fachhochschule Lübeck

Zusammenfassung

Die Elektroimpedanztomographie (EIT) ist ein funktionales Bildgebungsverfahren, welches für die Rohdatenerzeugung kleine bekannte Wechselströme über Oberflächenelektroden in das zu untersuchende Testobjekt einspeist und entstehende Randspannungen ableitet. Durch Permutation der Stromeinspeiseorte bei gleichzeitiger Messung der Spannungen lassen sich verschiedene Transferimpedanzen ermitteln, auf deren Basis sich mithilfe von speziellen Rekonstruktionsalgorithmen näherungsweise die dreidimensionale Leitwertverteilung des Testobjekts rekonstruieren und bildlich darstellen lässt.

Bei Anwendung der EIT am Menschen lassen sich aus der Leitwertverteilung und deren zeitlicher Änderung Rückschlüsse auf verschiedene Körperfunktionen, wie z. B. Lungenventilation, Magen- und Darmentleerung oder auch auf Teile der Gehirnfunktion, ziehen. Durch die Echtzeitfähigkeit, die Abwesenheit ionisierender Strahlung sowie durch die Schmerz- und Nebenwirkungsfreiheit ist die EIT trotz mangelnder Eignung, detaillierte morphologische Informationen zu liefern, ein vielversprechendes Bildgebungsverfahren für medizinische Anwendungen. Die EIT hat darüber hinaus vergleichsweise geringe Hardwarekosten bei kompakter Baugröße, was eine bettseitige Anwendung möglich macht. Bis jetzt ist die EIT hauptsächlich für die Visualisierung der Atmung bekannt und wurde für diese Anwendung erfolgreich gegen die Einzelphotonen-Emissionscomputertomographie (engl. Single Photon Emission Computed Tomography (SPECT)), die Positronen-Emissions-Tomographie (PET) und die Computertomographie (CT) validiert.

Ziel dieser Arbeit ist die Verbesserung der Instrumentierung der Transferimpedanzmessung mit Fokus auf der Anwendung in der EIT. Dieses Ziel soll durch eine Erhöhung des Signal-Rauschabstandes, bei gleichzeitiger Ermöglichung von spektroskopischen Mehrfrequenz-Messungen, mit einer Auflösung nach Betrag und Phase erreicht werden. Zu diesem Zweck wird zunächst ein hochauflösendes Mehrfrequenz-Messgerät für zeitlich aufgelöste Bioimpedanzmessungen entwickelt, verifiziert und für Phantom- und Probandenmessungen verwendet. Während dieses Entwicklungsprozesses werden verschiedene Systemkomponenten evaluiert und weiterentwickelt. Anschließend wird das Bioimpedanzmesssystem zu einem Mehrfrequenz-EIT-System erweitert und für unterschiedliche Messungen an Widerstands- und Tankphantomen sowie zur Visualisierung der Atmung eingesetzt. Den Abschluss dieser Arbeit bildet die Konzeption eines parallelen Mehrfrequenz-Aktivelektroden-EIT-Systems. Dabei liegt der Fokus dieser Arbeit auf der Instrumentierung. Das Gebiet der Bildrekonstruktion wird bewusst nur soweit bearbeitet, dass auf den Stand der Technik zurückgegriffen werden kann. Auch wenn diese Arbeit auf die medizinische Anwendung der Bioimpedanzmessung und der Elektroimpedanztomographie (EIT) ausgerichtet ist, können die Ergebnisse auch auf andere Anwendungsgebiete übertragen werden.

Inhaltsverzeichnis

Abkürzungsverzeichnis   **xvii**

1 Einführung   **1**
    1.1 Hintergrund und Stand der Technik 2
    1.2 Veröffentlichungen 5
    1.3 Gliederung 6

2 Bioimpedanzmessungen   **7**
    2.1 Elektrische Impedanz 7
    2.2 Bioimpedanz und der Elektroden-Hautübergang 8
       2.2.1 Zwei-Elektroden-Messung 14
       2.2.2 Vier-Elektroden-Messung 15
       2.2.3 Gleichtaktspannungen 16
    2.3 Messwertaufnahme 17
       2.3.1 Abtastung 18
       2.3.2 Monofrequente Anregungen 20
       2.3.3 Breitbandanregungen 20
       2.3.4 Einfrequenz-Demodulation 23
       2.3.5 Mehrfrequenz-Demodulation auf Basis der Diskreten Fouriertransformation (DFT) 25
       2.3.6 Digital-Analog- / Analog-Digital-Umsetzung . . 27
    2.4 Mögliche Messprinzipien 29
       2.4.1 Strom- oder Spannungsanregung 30
       2.4.2 Messung des Anregungsstroms 31
       2.4.3 Vier-Elektroden-Bioimpedanzmessung mit asymmetrischer Stromeinspeisung und -Messung . . . 32
       2.4.4 Gleichtaktfreie Strom- und Spannungsmessung . 33
       2.4.5 Symmetrische Stromeinspeisung zur gleichtaktfreien Spannungsmessung 34
       2.4.6 Symmetrische Stromeinspeisung mit Transformator 35
    2.5 Einflüsse auf die Messunsicherheit 36
       2.5.1 Abschätzung der Messunsicherheit der Vier-Elektroden-Messung 37
       2.5.2 Abschätzung des Gleichtaktfehlers 38
       2.5.3 Quantisierungsrauschen 39

		2.5.4	Überabtastung	42
		2.5.5	Jitter	44
		2.5.6	Der Einfluss von Einschwingvorgängen auf das Messergebnis	45
	2.6		Regulatorische Anforderungen	47

3 Elektroimpedanztomographie (EIT) — 49

   3.1 Physikalische Modellierung 49
   3.2 Messstrategien 50
      3.2.1 Statische und Differenzbildgebung 51
      3.2.2 Messprotokolle und die Anzahl der möglichen Transferimpedanzen 52
   3.3 Messwertaufnahme 55
      3.3.1 Kategorisierung von EIT-Systemen 56
      3.3.2 Vereinfachtes Ersatzschaltbild eines seriellen EIT-Systems 58
      3.3.3 Benötigte Messzeit 59
      3.3.4 Leistungsbewertung 61
   3.4 Rekonstruktion der Leitwertverteilung 63
      3.4.1 Vorwärtsproblem 66
      3.4.2 Inverses Problem 68

4 Bioimpedanzmesssystem (BMS) — 73

   4.1 Anforderungsanalyse 73
   4.2 Grundlegende Systemarchitektur 75
   4.3 Anregungsgenerierung 80
      4.3.1 Generierung des digitalen Anregungssignals . . . 81
      4.3.2 Generierung des Konstantstroms 82
      4.3.3 Mögliche Anregungsströme und damit messbare Impedanzen 87
   4.4 Messwertaufnahme 88
   4.5 Getriebener Kabelschirm 90
   4.6 Firmware und Interface-Software 92
   4.7 Systemverifikation 96
      4.7.1 Elektrisches Ersatzschaltbild 97
      4.7.2 Theoretische und messtechnische Abschätzung des Signal-Rausch-Abstandes 101
      4.7.3 Der Einfluss des FIR-Filters vor der FFT 104

Inhaltsverzeichnis　　　　　　　　　　　　　　　　　　　　　　　XV

	4.7.4	Kalibrierung	105
	4.7.5	Verbesserung der Schirmung	106
	4.7.6	Langzeitstabilität und Standardabweichungen	108
4.8	Messungen		110
	4.8.1	R + R		C – Phantom	110
	4.8.2	Bioimpedanzmessung an einer Kartoffel	111
	4.8.3	Messungen zur zeitlich veränderlichen Bioimpedanz	113
	4.8.4	Erfassung von realen Elektroden-Haut-Übergangsimpedanzen (ESI)	117
4.9	Abschließende Bewertung		123

5 Mehrfrequenz-EIT-System 125

5.1	Anforderungsanalyse		125
5.2	Grundlegende Systemarchitektur		126
5.3	Multiplexing		130
5.4	Systemverifikation		133
	5.4.1	Theoretische und messtechnische Abschätzung des Signal-Rausch-Abstandes	135
	5.4.2	Abschätzungen zur Genauigkeit	136
	5.4.3	Messung der Kanalabweichungen	139
	5.4.4	Messtechnische Verifizierung der Genauigkeit	140
5.5	Messungen		144
	5.5.1	Aufbau und Messung eines Mikrotankphantoms	144
	5.5.2	Aufbau und Adaption eines Tankphantoms	147
	5.5.3	Signalqualität am Tankphantom mit 16 Elektroden	151
	5.5.4	Signalqualität am Tankphantom mit 32 Elektroden	155
	5.5.5	Differenzbildgebung am Tankphantom	157
	5.5.6	Messungen am Thorax	160
5.6	Abschließende Bewertung		166

6 EIT-System basierend auf Aktivelektroden 171

6.1	Anforderungsanalyse		171
6.2	Systemarchitektur		172
	6.2.1	Aktivelektrode	175
	6.2.2	Aktivelektroden-Controller und Bussystem	177
6.3	Abschließende Bewertung		180

7 Zusammenfassung und Ausblick   **183**

Literaturverzeichnis   **187**

Abkürzungsverzeichnis

ADC Analog to Digital Converter
ASIC Application Specific Integrated Circuit

BMS Bioimpedanzmesssystem

CMRR Common Mode Rejection Ratio
CMV Common Mode Voltage
CPE Constant-Phase Element
CT Computertomographie

DAC Digital to Analog Converter
DDS Direkte Digitale Synthese
DFT Diskrete Fouriertransformation
DLL Dynamic-Link-Library
DSP Digitaler Signalprozessor

ECT Electrical Capacitance Tomography
EIDORS Electrical Impedance Tomography and Diffuse Optical Tomography Reconstruction Software
EIT Elektroimpedanztomographie
EKG Elektrokardiogramm
EMI Electromagnetic Interference
ENOB Effective Number of Bits
ESI Electrode Skin Impedance

FAE Field Application Enginner
FEM Finite-Elemente-Methode
FFT Fast Fourier Transformation
FIFO First In First Out
FIR Finite Impulse Response

FPGA Field Programmable Gate Array
FPS Frames per Second

GREIT Graz consensus Reconstruction Algorithm for EIT
GSPS Giga Sample per Second

IKG Impedanzkardiografie
ISPS Impedanzspektren pro Sekunde

KSPS kilo Sample per Second

LSB Least Significant Bit

MDAC Multiplying DAC
MIT Magnetic Induction Tomography
MSPS Mega Sample per Second

PCB Printed Circuit Board
PET Positronen-Emissions-Tomographie
PGA Programmable Gain Amplifier
PLL Phase Locked Loop
PPG Photoplethysmographie

RA Reciprocity Accuracy
RMS Root Means Square

SAR-ADC Successive-Approximation-Register-ADC
SFDR Spurious-free Dynamic Range
SINAD Signal to Noise and Distortion Ratio
SMD Surface Mounted Device
SNR Signal to Noise Ratio

SPECT Single Photon Emission Computed Tomography
SPI Serial Peripheral Interface

THD Total Harmonic Distortion
THD+N Total Harmonic Distortion + Noise

USB Universal Serial Bus

VCCS Voltage Controlled Current Source
VHDL Very High Speed Integrated Circuit Hardware Description Language

1 Einführung

Die EIT ist ein funktionales Bildgebungsverfahren, welches für die Rohdatenerzeugung kleine bekannte Wechselströme über Oberflächenelektroden in das zu untersuchende Testobjekt einspeist und entstehende Randspannungen ableitet. Durch Permutation der Stromeinspeiseorte bei gleichzeitiger Messung der Spannungen lassen sich verschiedene Transferimpedanzen ermitteln, auf deren Basis sich mithilfe von speziellen Rekonstruktionsalgorithmen näherungsweise die dreidimensionale Leitwertverteilung des Testobjekts rekonstruieren und bildlich darstellen lässt [17, 18, 49, 55]. Abbildung 1.1 zeigt das Grundprinzip der Messdatenerfassung der EIT.

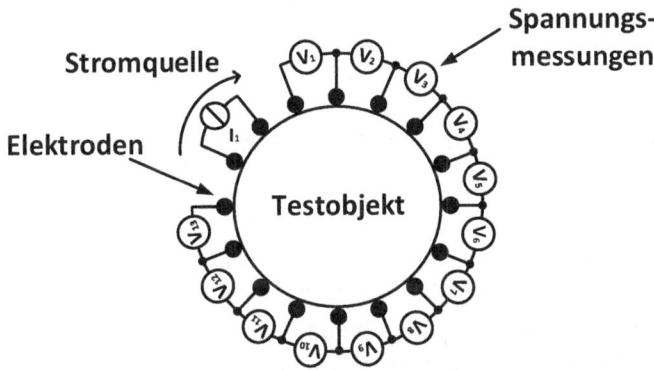

Abbildung 1.1: Prinzip der Messdatenerfassung für die EIT- die Stromquelle speist über Oberflächenelektroden einen bekannten Anregungswechselstrom mit konstanter Amplitude in das Messobjekt ein. Auf den übrigen Elektroden werden parallel dazu die entstehenden Spannungen gemessen, um entsprechende Transferimpedanzen berechnen zu können. Durch Permutation können anschließend weitere Transferimpedanzmessungen durchgeführt werden.

Bei Anwendung der EIT am Menschen lassen sich aus der Leitwertverteilung und deren zeitlicher Änderung Rückschlüsse in Bezug auf verschiedene Körperfunktionen, wie z. B. Lungenventilation, Magen- und Darmentleerung oder auch auf Teile der Gehirnfunktion ziehen und bildlich darstellen [49]. Durch die Echtzeitfähigkeit, die Abwesenheit ionisierender Strahlung sowie durch die Schmerz- und Nebenwirkungsfreiheit ist die EIT trotz mangelnder Eignung, detaillierte morphologische Informationen zu liefern, ein vielversprechendes Bildgebungsverfahren für medizinische Anwendungen [27, 48]. Die EIT hat darüber hinaus vergleichsweise geringe Hardwarekosten bei kompakter Baugröße, was eine bettseitige Anwendung möglich macht. Bis jetzt ist die EIT hauptsächlich für die Visualisierung der Atmung bekannt und wurde für diese Anwendung erfolgreich gegen die Einzelphotonen-Emissionscomputertomographie (engl. Single Photon Emission Computed Tomography (SPECT)), die Positronen-Emissions-Tomographie (PET) und die Computertomographie (CT) validiert [40].

1.1 Hintergrund und Stand der Technik

Die EIT ist im Vergleich mit anderen Bildgebungsverfahren ein relativ junges Verfahren. Die Funktionsweise basiert auf der Ausnutzung des komplexen elektrischen Wechselstromverhaltens von unterschiedlichen Gewebekompartimenten, Bioimpedanz genannt. Die erste bekannte Veröffentlichung der Messidee stammt aus dem Jahr 1978 von Henderson und Webster [45]. Erste tomographische EIT-Aufnahmen wurden von Barber und Brown 1984 veröffentlicht [7]. Das erste kommerzielle EIT-System für den medizinisch-klinischen Alltag wurde 2011 unter dem Namen Pulmovista 500 von der Firma Drägerwerk AG & Co. KGaA auf den Markt gebracht [23,86]. Im Jahr 2014 kam mit der Swisstom AG ein weiterer Hersteller eines medizinischen EIT-Systems auf den Markt [19]. Einen wesentlichen Beitrag zur Weiterentwicklung der EIT hat dabei sicherlich die immer leistungsfähiger werdende EDV geleistet, mit deren Hilfe wesentlich aufwendigere digitale Signalaufbe-

1.1 Hintergrund und Stand der Technik

reitungen und Bildrekonstruktionen in Echtzeit durchgeführt werden können.

Aktuell wird die EIT vor allem in folgenden medizinische Anwendungen evaluiert: Brustkrebserkennung [42], Visualisierung der Magen- und Darmfunktion [49] sowie zur Visualisierung der Gehirnfunktion [24,50] und insbesondere zur Visualisierung der Atmung [22,27,48].

Den Stand der Technik stellen EIT-Systeme mit 16 bis 128 Elektroden – abhängig von der Anwendung – dar. Die meisten Systeme beschränken sich auf eine Ebene (2D-Systeme) und auf eine feste Anregungsfrequenz von ca. 50 kHz. Die Elektroden sind dabei für die Messung äquidistant um das Messobjekt verteilt. Der Anregungsstrom wird aus historischen Gründen meist über unmittelbar benachbarte Elektroden eingespeist (engl. adjacent current pattern) [2]. Die übrigen Elektroden werden zur Spannungsmessung benutzt. Die Spannungsmessung erfolgt dabei meist sequentiell über einen durch Multiplexer verbundenen Spannungsmesser. Einige Systeme versuchen durch Parallelisierung die Geschwindigkeit zu erhöhen und verwenden mehr als einen Spannungsmesser [18] oder speisen Strom über mehrere Stromquellen ein, um so die Stromverteilung und damit die Sensitivität zu optimieren [88]. Eine Auswertung des Imaginärteils der Bioimpedanz (Phaseninformationen) findet dabei in der Regel nicht statt, stattdessen wird nur der Betrag gemessen. Typische Bildwechselfrequenzen von EIT-Systemen liegen zwischen 8 Hz und 25 Hz [10, 49]. Für die Rekonstruktion der Leitwertverteilung nutzen nahezu alle Systeme den Ansatz der Zeitdifferenzbildgebung, bei der der Leitwertverteilungsunterschied von einem Referenzzustand abgebildet wird [49].

Neben der klassischen EIT mit Oberflächenelektroden gibt es auch Versuche, kontaktlos induktiv (engl. Magnetic Induction Tomography (MIT)) bzw. kontaktlos kapazitiv (engl. Electrical Capacitance Tomography (ECT)) zu messen. Nach derzeitigem Veröffentlichungsstand erreichen diese Verfahren allerdings eine ähnlich schlechte räumliche

Auflösung mit gleichzeitig deutlich gesteigertem Instrumentierungsaufwand. Darüber hinaus führt die benötige Größe der ECT-Elektroden zu einer Nichteignung für medizinische Anwendungen und bleibt daher weitestgehend auf Industrieanwendungen beschränkt [10, 18, 49].

Zusammenfassend kann gesagt werden, dass die EIT funktioniert und bereits vielversprechende Ergebnisse erzielt hat. Dennoch gibt es nur wenige Systeme, die über das Forschungsstadium hinaus in den klinischen Alltag vorgedrungen sind. Trotz aller Verbesserungen der Instrumentierung beträgt die derzeitige Auflösung von EIT-Aufnahmen meist 32×32 Pixel [23]. Die Auflösungsgenauigkeit bei Lungenanwendungen liegt in der Größenordnung von 10 % bis 20 % des mittleren Thoraxdurchmessers [23, 49]. Dabei wird die Auflösung hauptsächlich von zwei Aspekten limitiert: durch den Signal-Rausch-Abstand (engl. Signal to Noise Ratio (SNR)) und durch die Anzahl der unabhängigen Messungen, welche hauptsächlich durch die Anzahl der Elektroden bestimmt sind [18, 49]. Für die Erhöhung des SNR wurden mehrere Ansätze vorgeschlagen, wie z. B. die Messelektronik in die unmittelbare Nähe zu den Elektroden zu bringen [18], den Aufbau der Mulitplexer mittels Relais [118], nicht massebezogende Stromquellen [30] oder den Austausch der Stromquellen durch Spannungsquellen [37]. Weiterhin sind die Verbindungskabel zwischen Elektrode und Instrument von entscheidender Bedeutung, da sie durch die bewegungsabhängigen Streukapaziäten und Leitungsimpedanzen zusätzliche Messunsicherheiten einbringen. Zudem spannen die Verbindungskabel eine zusätzliche Fläche für elektromagnetische Einstrahlungen auf, welche selbst durch getriebene Kabelschirme nicht vollständig eliminiert werden können [18, 26, 87]. Bereits 2001 hat Brown drei wichtige zukünftig anzugehende Entwicklungen der EIT beschrieben: (1) Verbesserung der Messhardware, (2) die Einführung einer Mehrfrequenz-Datenerfassung, (3) Erweiterung der EIT für dreidimensionale Messungen [18].

Ziel dieser Arbeit ist die Erhöhung des SNR durch Verbesserung der Messhardware bei gleichzeitiger Ermöglichung der Mehrfrequenz-Datenerfassung. Die Messhardware soll zudem in die Lage gebracht werden, neben der Aufnahme des Betrags auch die Phase messen zu können, um so die Möglichkeit der Gewebeerkennung durch Frequenzdifferenzmessungen zu ermöglichen. Zu diesem Zweck wird zunächst ein hochauflösendes Mehrfrequenz-Messgerät für zeitlich aufgelöste Bioimpedanzmessungen entwickelt, verifiziert und für Phantom- und Probandenmessungen verwendet. Anschließend wird dieses Messsystem zu einem Mehrfrequenz-EIT-System erweitert und für verschiedene Messungen an Widerstands- und Tankphantomen sowie zur Visualisierung der Atmung eingesetzt. Auf Basis der gewonnen Erkenntnisse wird abschließend ein Konzept für ein Aktivelektroden-EIT-Systems abgleitet. Dabei liegt der Fokus dieser Arbeit auf der Instrumentierung, das Gebiet der Bildrekonstruktion wird hier bewusst nur soweit bearbeitet, dass auf den Stand der Technik zurückgegriffen werden kann. Auch wenn diese Arbeit auf die medizinische Anwendung der Bioimpedanzmessung und der EIT ausgerichtet ist, können die Ergebnisse auch auf andere Anwendungsgebiete übertragen werden.

1.2 Veröffentlichungen

Der wissenschaftliche Fortschritt dieser Arbeit ist in zahlreichen Veröffentlichungen dokumentiert. Ausgehend von der Entwicklung des Bioimpedanzmesssystems für zeitlich aufgelöste, hochgenaue Messungen [56, 61] wurden Untersuchungen zu verschiedenen Mehrfrequenz-Stromquellen durchgeführt [125] und der Elektroden-Haut-Übergang mit Kunststoffelektroden untersucht [66]. Spätere Versuche der Bestimmung des Herzzeitvolumens sind in [68, 73, 82] dokumentiert. Es war zudem möglich, die Ergebnisse dieser Arbeit auch für Untersuchungen zur arteriellen Gefäßsteifigkeit zu nutzen [60, 65] und den Hardwarekern auf anderen Gebieten weiterzuverwenden [57, 84].

Aufbauend auf dem Bioimpedanzmesssystem (BMS) ist ein flexibles Field Programmable Gate Array (FPGA) basiertes Mehrfrequenz-EIT-System entstanden [58, 67], das für verschiedene Anwendungsgebiete evaluiert wurde [59, 62, 64]. Aus dem entwickelten EIT-System wurden anschließend Ideen für ein Aktivelektrodensystem abgeleitet [63, 69], welches in einer Patentanmeldung für eine Messvorrichtung und ein Messverfahren für die Elektroimpedanztomographie mit aktivem Bezugspotential mündete [104]. Flankiert wurden die genannten Veröffentlichungen und diese Arbeit durch 12 betreute Abschlussarbeiten [6, 46, 47, 74–76, 83, 85, 106, 107, 120, 126].

1.3 Gliederung

Ausgehend vom Entwicklungszyklus ist diese Arbeit in sieben Kapitel mit unterschiedlichen Ausrichtungen gegliedert. Nach der Einleitung in diesem Kapitel werden in Kapitel 2 grundlegende Theorien und Verfahren der Bioimpedanzmessung beschrieben, welche im Kapitel 3 für die EIT erweitert bzw. verallgemeinert werden. Kapitel 4 beschreibt die eigentliche Entwicklung und die Verifikation des BMS sowie durchgeführte Messungen. Kapitel 5 stellt die entsprechenden Entwicklungen, Verifikationen und Messungen für das entwickelte EIT-System dar. Kapitel 6 gibt anschließend einen Ausblick auf die Konzeption eines Aktivelektrodensystems. Das abschließende Kapitel 7 fasst die Ergebnisse dieser Arbeit zusammen und gibt einen Ausblick auf sich ergebene Fragestellungen.

2 Bioimpedanzmessungen

In diesem Kapitel werden die notwendigen Theorien und Verfahren beschrieben, die für die Messung von Bioimpedanzen notwendig sind. So wird beginnend mit der Definition der elektrischen Impedanz der physikalische bzw. physiologische Zusammenhang zur Bioimpedanz hergestellt. Anschließend wird der Stand der Technik möglicher Messprinzipien vorgestellt und verschiedene Adaptionen bzw. Erweiterungen werden vorgeschlagen. Den Abschluss dieses Kapitels bildet die Abschätzung möglicher Einflüsse auf die Messunsicherheit sowie die Betrachtung der regulatorischen Anforderungen an ein zu entwickelndes Bioimpedanzmessgerät.

2.1 Elektrische Impedanz

Die komplexe elektrische Impedanz ($\underline{Z}$, auch Wechselstromwiderstand genannt) ist die Erweiterung des elektrischen Widerstandsbegriffs auf Wechselspannungen und beschreibt neben dem Betrag auch die Phasenlage. Der Wechselstromwiderstand

$$\underline{Z}(\omega) = \frac{\underline{U}}{\underline{I}} = \frac{|\underline{U}| \cdot e^{j(\omega t + \phi_U)}}{|\underline{I}| \cdot e^{j(\omega t + \phi_I)}} = \left|\frac{\underline{U}}{\underline{I}}\right| e^{j(\phi_U - \phi_I)} = |\underline{Z}| e^{j\phi} \quad (2.1)$$

ist im Allgemeinen von der Kreisfrequenz ($\omega = 2\pi f$) abhängig. Abbildung 2.1 verdeutlicht diesen Zusammenhang,

wobei $\underline{U}$ und $\underline{I}$ die komplexe Spannung bzw. den komplexen Strom darstellen und ϕ der Phasenwinkel der beiden Signale zueinander bei einer bestimmten Kreisfrequenz ist. Für die Messung einer unbekannten Impedanz muss diese mit einem Strom oder einer Spannung angeregt werden. Durch Messung von Strom und Spannung lässt sich der Messwert abschließend nach Gleichung 2.1 errechnen.

2 Bioimpedanzmessungen

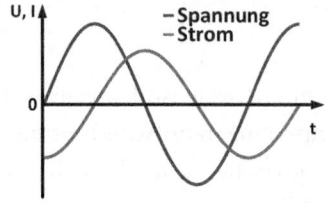
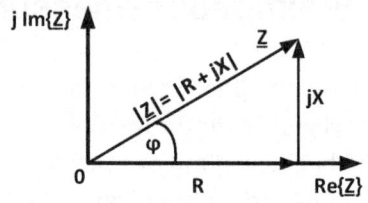

a) Strom und Spannung im Zeitbereich   b) Impedanz in der Gaußschen Zahlenebene

Abbildung 2.1: *Darstellung von Strom und Spannung im Zeitbereich und die daraus abgeleitete Darstellung der Impedanz in der Gaußschen Zahlenebene.*

Viele Materialien der Medizin und Technik lassen sich über ihre elektrische Impedanz charakterisieren, was insbesondere über die Ausnutzung der Frequenz- und Zeitabhängigkeit[1] geschieht (Impedanzspektroskopie) [105,119,121]. Die Impedanzspektroskopie ist somit in vielen Anwendungsfeldern, wie Medizin, Chemie, Geologie oder auch in der Werkstoffkunde, ein Standardwerkzeug für Eigenschaftscharakterisierungen von Materialien [9]. In den Lebenswissenschaften ist die Impedanzspektroskopie vor allem für den Einsatz in Körperfettwaagen bekannt. Darüber hinaus gibt es einige Ansätze, die Bioimpedanzmessung auch für die Messung des Herzzeitvolumens [11,39,72], für Wundheilungsüberwachung [35] oder auch zur Bildgebung einzusetzen [14,49].

2.2 Bioimpedanz und der Elektroden-Hautübergang

Als Bioimpedanz wird die komplexe elektrische Impedanz von biologischem Gewebe bezeichnet [39, 71]. Dabei ist die Messung der Bioimpedanz im Allgemeinen dadurch gekennzeichnet, dass zur Messung Elektroden benötigt werden, um von der Ionenleitung im Körper auf die Elektronenleitung in der Elektronik zu übersetzen [121]. Die

---

[1] Gemeint ist in diesem Zusammenhang die Ausnutzung der Änderung des stationären Verhaltens nach dem Einschwingvorgang.

2.2 Bioimpedanz und der Elektroden-Hautübergang

Elektroden werden meist auf der Hautoberfläche angebracht und über einen Elektrolyten mit der Haut verbunden. Hierbei beeinflussen sich Elektrode und Haut gegenseitig so, dass die Elektrodenimpedanz nicht mehr von der Impedanz der Haut zu trennen ist. Dieser Effekt führt zum Begriff der Elektrode-Haut-Übergangsimpedanz (engl. Electrode Skin Impedance (ESI)). Das Verhalten der ESI lässt sich näherungsweise durch das elektrische Ersatzschaltbild aus Abbildung 2.2 beschreiben [6, 121], wobei R_S den realen Haut-, Elektroden- und Elektrolytwiderstand abbildet. Die Parallelschaltung von R_P und C_P bildet die kapazitiven Eigenschaften der entstehenden Helmholtz-Doppelschicht zwischen Elektrode und Hautschichten in Verbindung mit der Durchgangsreaktion der Doppelschicht sowie Durchlässen der Hautschichten (z. B. Haarfollikel, Schweiß- und Talgdrüsen) ab.

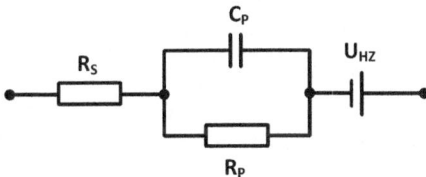

Abbildung 2.2: *Elektrisches Ersatzschaltbild des Elektroden-Hautübergangs nach [121]*

Die Spannung U_{HZ} wird als Halbzellenspannung (engl. half-cell potential) bezeichnet und entsteht primär durch die Redox-Reaktion des Metalls mit seinen Ionen im Elektrolyten (Ionen-Elektronen-Austausch). Die Höhe der Halbzellenspannung wird dabei durch die Nernst-Gleichung beschrieben [39, 121]. Aufgrund der sich nur langsam ändernden Parameter kann die Halbzellenspannung im Allgemeinen als Gleichspannung angesehen werden. Durch die Bewegung der Elektrode können allerdings Sprünge der ESI und der Halbzellenspannung aufgrund der schnellen Veränderung der Parameter der Nernst-Gleichung auftreten. Diese schnellen Veränderungen werden als Bewegungsartefakte bezeichnet [6, 121]. Die Veränderung der Halbzellenspannung aufgrund eines von außen getriebenen Stromflusses durch die Doppelschicht wird hingegen als Elektroden-Polarisation bezeichnet. Die Elektroden-Polarisation ist abhängig vom verwendeten Metall und Elektrolyten. Durch Auswahl geeigneter Kombinationen ist es so möglich, unterschiedlich stark polarisierbare Elektroden zu bilden [39, 121].

In der klinischen Anwendung sind Impedanzänderungen basierend auf physiologischen Vorgängen meist klein, langsam und regelmäßig, wobei sich ESI-Impedanzänderungen als groß, schnell und nicht vorhersehbar darstellen [88]. Die ESI wird neben der Frequenz vor allem durch die Elektrodengröße sowie vom Zustand der oberen Hautschichten und deren Durchfeuchtung bestimmt und ist zusätzlich, bedingt durch den physikalischen Aufbau, abhängig von der Stromdichte [6, 66]. Die Elektrodengröße selbst ist hingegen durch die Anzahl der benötigten Elektroden limitiert. Typischerweise werden für Bioimpedanzemessungen kaum polarisierbare (auch als nicht-polarisierbare bezeichnete) Silber-Silberchlorid-Elektroden (Ag-AgCl-Elektroden), welche durch ihre Anwendung beim Elektrokardiogramm (EKG) bekannt sind, verwendet [6]. Darüber hinaus ist auch die Verwendung von Kunststoffelektroden möglich [6, 66].

Abbildung 2.3 zeigt das vereinfachte elektrische Ersatzschaltbild von lebendem Gewebe, welches auf dem elektrischen Ersatzschaltbild einer Zelle basiert. Zusätzlich ist die übliche weitere Vereinfachung des Ersatzschaltbildes zu einem $R + R \| C$-Glied zu sehen. Die Zellmembran kann dabei aufgrund ihrer von Ionen-Kanälen durchzogenen Doppellipidschicht als verlustbehafteter Kondensator betrachtet werden ($C_M \| R_M$). Das Innere der Zelle (im Wesentlichen durch die intrazelluläre Flüssigkeit bestimmt) wird als Widerstand (R_I) angenommen, genau wie der extrazelluläre Raum (R_E) [39, 55]. Aufgrund des komplexen, inhomogenen und anisotropen Aufbaues des menschlichen Körpers

2.2 Bioimpedanz und der Elektroden-Hautübergang 11

liefert das Ersatzschaltbild nur eine stark vereinfachte empirisch ermittelte Näherung der Realität [39].

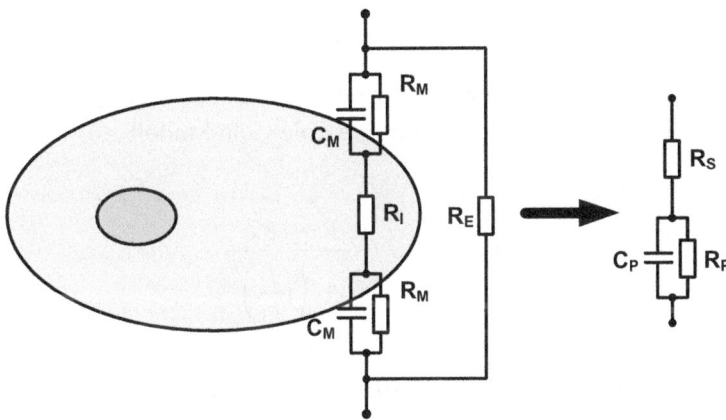

Abbildung 2.3: *Elektrisches Ersatzschaltbild einer Zelle mit der üblichen Vereinfachung des Ersatzschaltbildes als $R - R\|C$-Glied (basierend auf [55]).*

Das Ersatzschaltbild verdeutlicht, dass die Gesamtimpedanz zu höheren Frequenzen hin aufgrund der Membrankapazität abnimmt. Zusätzlich ist die gemessene Bioimpedanz abhängig von weiteren Parametern, wie Messzeitpunkt, Temperatur und Elektrodenabstand. Beispiele für diese Veränderungen sind Schwankungen der Durchblutung, des Sauerstoffgehalts (in Zusammenhang mit dem Herzschlag) sowie mechanische Bewegungen (Atmung, Herzschlag, Bewegung des Probanden). Der grundlegende Verlauf über die Frequenz ist hingegen eine Eigenschaft des untersuchten Gewebes und ist begründet in dessen Aufbau, Zustand und Zusammensetzung. Einige Gewebe, wie z. B. Muskelfasern, zeigen zusätzlich ausgeprägte anisotrope Eigenschaften [25]. Die Messung des Impedanzverlaufes über die Frequenz wird als Bioimpedanzspektroskopie bezeichnet und wird beispielsweise für Gewebediskriminierungen – wie bei der Bestimmung der Körperzusammensetzung – ausgenutzt [39, 119, 121]. Ein Beispiel für die Ausnutzung der zeitlichen Änderung der Bioimpedanz ist die Impedanzkardiografie (IKG), bei der die Impedanzänderung des Thorax über einen Herzzyklus gemessen und evaluiert wird, um das Herz-Zeit-Volumen bzw. das Herzschlagvolumen abzuschätzen [11,72,82,83].

Für die Gewinnung der Parameter des elektrischen Ersatzschaltbildes wird oft auch das empirisch ermittelte Cole-Cole-Modell

$$\underline{Z}(f) = R_\infty + \frac{R_0 - R_\infty}{1 + \left(j\frac{f}{f_0}\right)^\beta} \qquad (2.2)$$

verwendet, welches durch die Einführung des Relaxationskoeffizienten β die empirisch ermittelten Abweichungen zum Ersatzschaltbild aus Abbildung 2.3 angleicht [21,38,110]. Dabei stellt $\underline{Z}(f)$ die komplexe Impedanz bei einer bestimmten Frequenz, f_0 die Eigenfrequenz (engl. characteristic frequency), R_0 den Gleichstromwiderstand und R_∞ den Widerstand für $f \to \infty$, dar. Der Relaxationskoeffizient β liegt zwischen 0 und 1, wobei typische Werte für menschliches Gewebe – bei einem f_0 von 10 kHz bis einigen MHz mit einem R_0/R_∞ von 1,5 bis 3,5 – zwischen 0,7 bis 0,8 liegen [38,110]. Für $\beta = 1$, $f_0 = 1/(2\pi R_P C_P)$ sowie $R_0 = R_S + R_P$ und $R_\infty = R_S$ gehen die beiden Modelle ineinander über.

Der um den Relaxationskoeffizienten erweiterte Kondensator wird hauptsächlich zur Modellierung von Doppelschichten eingesetzt und wird als Konstantphasen-Element (engl. Constant-Phase Element (CPE)) bezeichnet [9,39]. Abbildung 2.4 zeigt den Einfluss des Relaxationskoeffizienten auf die Ortskurve und auf den Frequenzgang des in Abbildung 2.3 dargestellten Ersatzschaltbildes für verschiedene β. Die gewählten Werte sind für menschliches Gewebe typisch und betragen: $R_S = 20\,\Omega$, $R_P = 20\,\Omega$ und $C_P = 100\,\text{nF}$. Erkennbar ist vor allem die Stauchung der Ortskurve für $\beta < 1$, was äquivalent zur Reduzierung

2.2 Bioimpedanz und der Elektroden-Hautübergang

des Phasenminimums bzw. zum „Verschleifen" des Übergangsbereichs des Betrags im Frequenzgang ist.

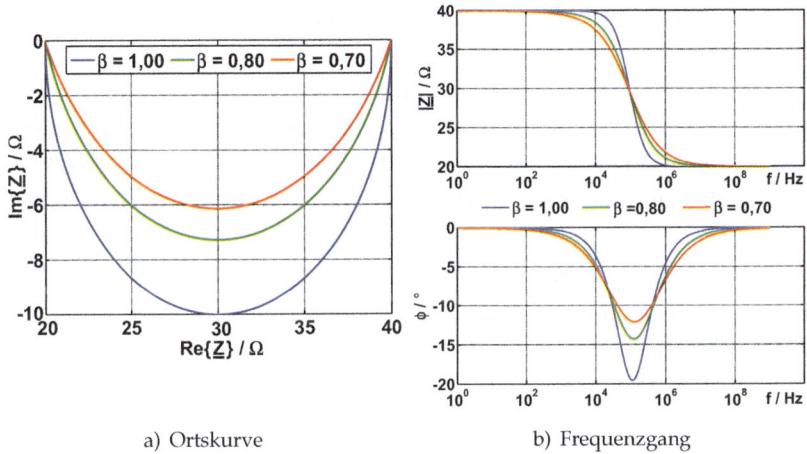

a) Ortskurve
b) Frequenzgang

Abbildung 2.4: Ortskurve und Frequenzgang eines $R_S - R_P \| C_P$-Glieds mit $R_S = 20\,\Omega$, $R_P = 20\,\Omega$, $C_S = 100\,\text{nF}$ für verschiedene Relaxationskoeffizienten β.

Der Frequenzbereich, bei dem die größte Betrags- und Phasenänderung zu erwarten ist, wird als Beta-Dispersion bezeichnet. Die Ursachen der Dispersion sind frequenzabhängige Relaxationsprozesse von Polarisationseffekten, welche durch die elektrische Anregung hervorgerufen werden. Unterschieden werden drei bzw. vier verschiedene Dispersionsgebiete, die der Alpha-, Beta und Gamma-Dispersion, wobei die Alpha-Dispersion in zwei Teile untergliedert werden kann [118, 119]. Der Bereich der Beta-Dispersion wird typischerweise mit 1 kHz bis 1 MHz angegeben, wobei die Grenzen nicht klar definiert sind [111, 118, 119]. Nach Literaturstand variiert der spezifische Widerstand ρ (Kehrwert der elektrischen Leitfähigkeit σ) von menschlichem Gewebe bei einer Anregungsfrequenz von 50 kHz von ca. 1,5 Ωm für Blut bis zu 150 Ωm für Knochen, wobei die Messwerte mit einer hohen Messunsicherheit behaftet sind [7,25]. Typischerweise fällt der Absolutwert der Gewebeimpedanz mit einem gewebetypischen Verlauf zwischen 10 kHz und 1 MHz um 50 % [18]. Ein grundlegendes Problem der Gewebecharakterisierung ist vor allem die Gewinnung von Vergleichswerten, da sich die Impedanzen von lebendem und totem Gewebe signifikant unterscheiden [39]. Typische Impedanzwerte (2 · ESI + Gewebeimpedanz) sind 100 Ω bis 10 kΩ, wobei die kleineren Werte bei höheren Frequenzen oberhalb von 100 kHz zu erwarten sind und die Gewebeimpedanz im Allgemeinen wesentlich kleiner als die ESI ist [49]. Typisch zu erwartende Phasenverschiebungen von Geweben liegen bei einigen Grad mit einem Maximum bei ca. 50 kHz, typische Phasenverschiebungen der ESI unter der Verwendung von Gummielektroden liegen typischerweise zwischen -60° bei 10 kHz und -15° bei 300 kHz [61,66].

2.2.1 Zwei-Elektroden-Messung

Durch die bei Bioimpedanzmessungen benötigten Elektroden (siehe Kapitel 2.2) ist die Gewebeimpedanz (Z_G) messtechnisch nur über die beiden unbekannten und veränderlichen ESI (Z_{E1}, Z_{E2}) erreichbar. Dies führt zu dem in Abbildung 2.5 dargestellten grundlegenden Messproblem [39,121].

Die dargestellte Reihenschaltung von Gewebe- und Elektrodenimpedanzen führt bei der Messung der Gewebeimpedanz zu einer relativ großen Messunsicherheit ($Z_{E1} \approx Z_{E2} \gg Z_G$), welche im Allgemeinen nicht hinnehmbar ist. Geht man allerdings davon aus, dass Z_{E1} und Z_{E2} über die Messdauer – die klein gegenüber der Zeitskala der ESI-Variation gewählt werden muss – relativ konstant sind, können dennoch Änderungen von Z_G bestimmt werden. Dabei kann es jedoch zu Auflösungsproblemen im Voltmeter kommen, da die Spannungen, die über die Elektroden abfallen, wesentlich größer sind, als die Spannung

2.2 Bioimpedanz und der Elektroden-Hautübergang

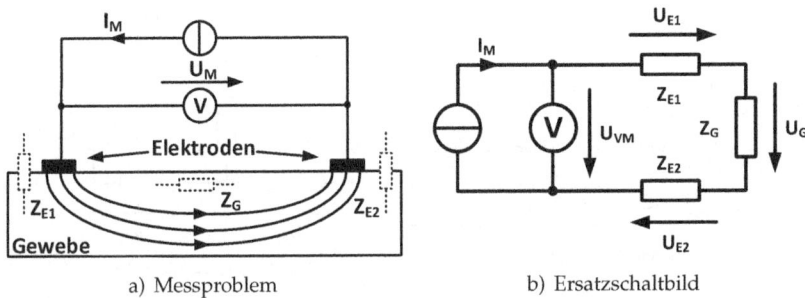

a) Messproblem　　　　　b) Ersatzschaltbild

Abbildung 2.5: *Grundlegendes Messproblem der Bioimpedanzmessung – die Gewebeimpedanz ist nur über Elektroden erreichbar.*

über dem Gewebe ($V_{E1} + V_{E2} \gg V_G$) und die Änderung der Gewebespannung meist sehr klein ist ($\Delta V_G \ll V_G$). Zusätzlich muss berücksichtigt werden, dass sich die Impedanz der ESI auch physiologisch begründet verändert, z. B. mit dem Herzschlag, der Durchblutung der Haut oder mit Schweißproduktion.

2.2.2 Vier-Elektroden-Messung

Die Standardlösung zur Umgehung der Nachteile der Zwei-Elektroden-Messung ist der Einsatz der Vier-Elektroden-Messung [39, 121]. Die Vier-Elektroden-Messung nutzt dafür zwei zusätzliche Elektroden, um die Gewebespannung abzuleiten. Durch die im Allgemeinen hochimpedant ausgelegte Spannungsmessung entsteht an diesen Elektroden nur ein sehr kleiner Spannungsabfall wodurch die Gewebespannung genau bestimmt werden kann. Abbildung 2.6 verdeutlicht das Messproblem.

Für einen Eingangsstrom des Spannungsmessers von $I_{VM} = 0$ entspricht U_{VM} genau U_G. In der Praxis realistische Eingangströme bei Frequenzen um 50 kHz liegen bei einigen 10 nA. Diese setzen sich aus den Eingangsströmen für Operationsverstärker und Stromflüssen

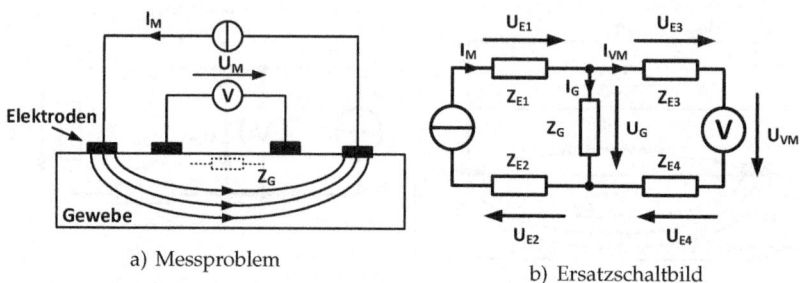

a) Messproblem b) Ersatzschaltbild

Abbildung 2.6: *Grundlegendes Messprinzip der Vier-Elektroden-Messung – durch die Einbringung von zwei zusätzlichen Elektroden kann die Gewebeimpedanz genau bestimmt werden.*

durch die Eingangskapazitäten sowie Streu- und Kabelkapazitäten (in der Größenordnung von ≈ 2 pF ... 50 pF) zusammen. Diese Streukapazitäten begrenzen im Wesentlichen auch die Messgenauigkeit bei Frequenzen oberhalb von 100 kHz (vgl. Kapitel 2.5.1).

2.2.3 Gleichtaktspannungen

Ein bekanntes Problem bei Bioimpedanzmessungen stellen Gleichtaktspannungen dar [54, 55, 87, 98, 103]. Gleichtaktspannungen (engl. Common Mode Voltage (CMV)) sind Spannungen, die z. B. an beiden Eingängen eines Differenzverstärkers gleichzeitig wirken. Während ein idealer Differenzverstärker nur Spannungsdifferenzen verstärkt, verstärken reale Differenzverstärker auch Gleichtaktspannungen. Diese ungewollte Verstärkung ist durch fertigungsbedingte Asymmetrien der beiden Eingangsstufen in Kombination mit der endlichen Ausgangsimpedanz der internen Emitter-Stromquelle begründet und nimmt mit steigender Frequenz zu [32,112]. Das Verhältnis von Differenz- (V_D) zu Gleichtaktverstärkung (V_{CM}) wird als Gleichtaktunterdrückung (engl.

Common Mode Rejection Ratio (CMRR)) bezeichnet und wird in der Regel in Dezibel angegeben. Die Gleichungen

$$U_{CM} = \frac{U_+ + U_-}{2} \quad (2.3)$$

$$CMRR_{dB} = 20 \cdot \log\left(\frac{|V_D|}{|V_{CM}|}\right) \quad (2.4)$$

zeigen die jeweiligen Definitionen [32, 112]. Gemessen werden kann der CMRR, indem die Änderung der Ausgangsspannung (ΔU_A) bei gleichzeitiger Variation der Gleichtaktspannung (U_{CM}) gemessen wird

$$CMRR_{Mess} = 20 \cdot \log\left(\frac{|\Delta U_A|}{|\Delta U_{CM}|}\right). \quad (2.5)$$

Gleichtaktspannungen können bei Bioimpedanzmessungen gerade bei höheren Frequenzen zum Problem werden, wenn die Gewebespannungen klein werden [61]. Theoretisch ist es möglich, die Messabweichung, welche durch die Gleichtaktspannung verursacht wird, zu kompensieren. Dafür müsste die wirkende Gleichtaktspannung gemessen und mithilfe von Kalibrierwerten korrigiert werden. Die Bestimmung dieser Kalibrierwerte ist allerdings in der Praxis sehr schwierig, da die Gleichtaktunterdrückung von vielen Parametern, wie z. B. Frequenz, Temperatur, Bauteilalterung und Betriebsspannung, abhängt [112].

2.3 Messwertaufnahme

Für die Messung der Bioimpedanz ist ein Anregungssignal (in der Regel ein Anregungsstrom, siehe auch Kapitel 2.4 und Kapitel 2.6) notwendig, mit dem die Bioimpedanz im Bereich der Beta-Dispersion von 10 kHz bis 1 MHz bestimmt werden kann. Prinzipiell gibt es zwei Möglichkeiten, vollständige Impedanzspektren aufzunehmen: erstens die zeitmultiplexe Anregung mittels diskreten sinusförmigen Anregungssignalen und zweitens die breitbandige Anregung mit komplexen Signalformen. Um jedoch von einem quasistatischen Verhalten der Bioimpedanz während der Messung ausgehen zu können, muss die Erfassung eines kompletten Impedanzspektrums sehr viel schneller sein als dessen Veränderung aufgrund physiologischer Vorgänge. Im Folgenden werden die dafür notwendigen Schritte der Messwertaufnahme beschrieben.

2.3.1 Abtastung

Um die analogen Impedanz-Messdaten effizient verarbeiten zu können, werden diese in digitale Signale umgesetzt. Der Prozess der digitalen Signalverarbeitung bringt dabei entscheidende Vorteile mit sich, wie z. B. garantiert reproduzierbare und stabile Ergebnisse, keine Abhängigkeiten von Bauteiltoleranzen und Umgebungseinflüssen, wie Luftfeuchtigkeit oder Temperatur, sowie die Möglichkeit, Algorithmen-Änderungen per Software flexibel, schnell und nachträglich durchführen zu können [89, 114].

Beschränkungen für die numerische Signalverarbeitung sind unter anderem die endliche Zeit- und Wertauflösung sowie eine endliche Aufzeichnungslänge. Diese Faktoren limitieren gleichzeitig die Abbildungsgenauigkeit des Digitalsignals. Durch die Umsetzung mittels Digitalanalogwandler (engl. Digital to Analog Converter (DAC)) bzw. Analogdigitalwandler (engl. Analog to Digital Converter (ADC)) wird das Signal zeit- und wertdiskretisiert. Dies ist zum einen durch die endliche Wertauflösung des Wandlers und zum anderen durch die benötigten Abtast-, Halte- und Synthesezeiträume der Wandlung begründet.

2.3 Messwertaufnahme

Mathematisch lässt sich die Zeitdiskretisierung nach den Gleichungen

$$s_a(t) = s(t) \cdot T_a \sum_{n=-\infty}^{\infty} \delta(t - nT_a) \circ\!\!-\!\!\bullet\ \underline{S}_a(f) = \underline{S}(f) * \sum_{k=-\infty}^{\infty} \delta(f - kf_a)$$
(2.6)

$$\Rightarrow \underline{S}_a(f) = \sum_{k=-\infty}^{\infty} \underline{S}(f - kf_a) \qquad (2.7)$$

mit der Multiplikation des Signals $s(t)$ mit einem Dirac-Kamm beschreiben. Dabei stellt $s_a(t)$ das abgetastete Signal und T_a die Abtast- und Haltezeit dar, welcher als Faktor eingeführt wird, um die Summe dimensionslos zu machen [80].

Gleichung (2.7) zeigt die periodische Wiederholung des Spektrums $\underline{S}_a(f)$ mit dem Abstand $f_a = 1/T_a$. Wenn die Bandbreite des Ursprungsspektrums $\underline{S}(f)$ kleiner ist als $f_a/2$, findet keine Überlappung der Ursprungsspektren statt und die Eindeutigkeit ist sichergestellt. Aus dieser Beobachtung lässt sich das Nyquist-Shannon-Abtasttheorem ableiten, welches besagt, dass die Abtastfrequenz mindestens doppelt so hoch sein muss wie die Bandbreite des abgetasteten Signals, um eine eindeutige Rekonstruktion zu ermöglichen. Die Einschränkung des endlichen Beobachtungsintervalls T_0 kann durch die Multiplikation des Zeitsignals mit einem Rechteckfenster modelliert werden. Im Frequenzbereich kann allerdings die korrespondierende Faltung des Spektrums des abgetasteten Signals mit der zum Rechteckfenster korrespondierenden *Si*-Funktion zum Spektralen Leckeffekt führen. Die Auswirkungen des Spektralen Leckeffekts lassen sich minimieren, wenn eine vom Rechteck verschiedene Fensterfunktion benutzt wird. Alternativ kann die Fensterbreite so gewählt werden, dass die Nullstellen der resultierenden *Si*-Funktion im Frequenzbereich bei $f_n = n/T_0$ mit der Frequenzauflösung Δf des diskreten Spektrums zusammenfallen[2]. Dies ist immer der Fall, wenn ein ganzzahliges Vielfaches der Periode des Zeitsignals abgetastet wird und so bei der periodischen Fortsetzung im Zeitbereich keine Sprungstellen auftreten [114].

2.3.2 Monofrequente Anregungen

Eine einfache Anregungsform für Bioimpedanzmessungen ist die sinusförmige Anregung der Form $s(t) = A \cdot \sin(\phi(t))$. Dabei ist $s(t)$ die zeitabhängige momentane Auslenkung, A die Amplitude der Auslenkung, $\phi(t)$ die zeitabhängige momentane Phasenlage und ϕ_0 die initiale Phasenlage für $t = 0$. Die momentane Phasenlage ist dabei durch das Integral $\int \frac{d\phi}{dt} dt$ über die zeitliche Phasenänderung $\frac{d\phi}{dt}$ gegeben. Für eine zeitlich konstante Phasenänderung gilt

$$\phi(t) = \omega t + \phi_0 = 2\pi f t + \phi_0 = \frac{2\pi}{T} t + \phi_0 = \int \frac{d\phi}{dt} dt \qquad (2.8)$$

mit der Kreisfrequenz ω, der Periodendauer T und der Frequenz f. Bei monofrequenter Anregung in der Form $s(t) = A \cdot \sin(2\pi f t + \phi_0)$, lässt sich pro Messung nur ein Impedanzspektralpunkt bestimmen. Abhilfe kann hier die Überlagerung verschiedener sinusförmiger oder auch anders gearteter Anregungen sein, wobei bei Bioimpedanzmessungen die maximal zulässige und frequenzabhängige Effektivstromstärke eingehalten werden muss (siehe Kapitel 2.6).

2.3.3 Breitbandanregungen

Für eine breitbandige Anregung bei Bioimpedanzmessungen bieten sich neben der Überlagerung einzelner sinusförmiger Anregungssignale [5, 105] vor allem Chirp-Signale (engl. von zwitschern)

---

[2] Ausgehend von der Tatsache, dass ein periodisches Signal im Zeitbereich ein diskretes Spektrum besitzt.

2.3 Messwertaufnahme

an [68, 91, 92, 97]. Chirp-Signale zeichnen sich durch eine kontinuierlich – im einfachsten Fall linear – steigende Frequenz aus. Ausgehend von Gleichung (2.8) zeigt

$$\text{mit} \quad \phi(t) = \int \frac{d\phi}{dt} dt = 2\pi \int f(t) dt \quad \text{und} \quad f(t) = \frac{\Delta f}{T_{\text{Chirp}}} t + f_{\text{start}}$$

$$\Rightarrow \phi(t) = 2\pi \int \frac{\Delta f}{T_{\text{Chirp}}} t + f_{\text{start}} \, dt = 2\pi t \left(\frac{f_{\text{stopp}} - f_{\text{start}}}{2T_{\text{Chirp}}} t + f_{\text{start}} \right) + \phi_0$$

$$\Rightarrow s(t) = A \cdot \sin \left(2\pi \left(f_{\text{start}} t + \frac{f_{\text{stopp}} - f_{\text{start}}}{2T_{\text{Chirp}}} \cdot t^2 \right) + \phi_0 \right) \quad (2.9)$$

die Herleitung eines linearen Chirps mit der Amplitude A, der Startfrequenz f_{start}, der momentanen Frequenz $f(t)$ und Phasenlage $\phi(t)$, der Chirp-Periodendauer T_{Chirp} und der Bandbreite $\Delta f = f_{\text{stopp}} - f_{\text{start}}$.

Da sich die momentane Frequenz kontinuierlich ändert, verteilt sich die Anregungsenergie des Chirps über das gesamte Anregungsband. Darüber hinaus entsteht aufgrund der Asymmetrie der Signalform auch ein Gleichanteil. Für $T_{\text{Chirp}} \cdot f_{\text{start}} \ll \Delta f$ und $\phi_0 = 0$ sind die Nullstellen des Chirps gegeben durch $t_k = \sqrt{k \cdot T_{\text{Chirp}} / \Delta f}$ mit $k \in \mathbb{Z}$. Die Anzahl der Schwingungsperioden p während der Chirp-Periode ist daher durch $p = T_{\text{Chirp}} / 2 \cdot \Delta f$ definiert und muss für eine stufenlose Anregung gerade und ganzzahlig sein. Abbildung 2.7 zeigt ein beispielhaftes Zeitsignal eines linearen Chirps mit 8 Schwingungsperioden ($f_{\text{start}} = 12$ kHz, $f_{\text{stopp}} \approx 380$ kHz, $\phi_0 = 0$) und dessen Spektrum.

Der lineare Chirp in Abbildung 2.7 hat eine Länge von 40,96 μs bei einer 96,4%-igen Energiekonzentration zwischen 12 kHz und 380 kHz.

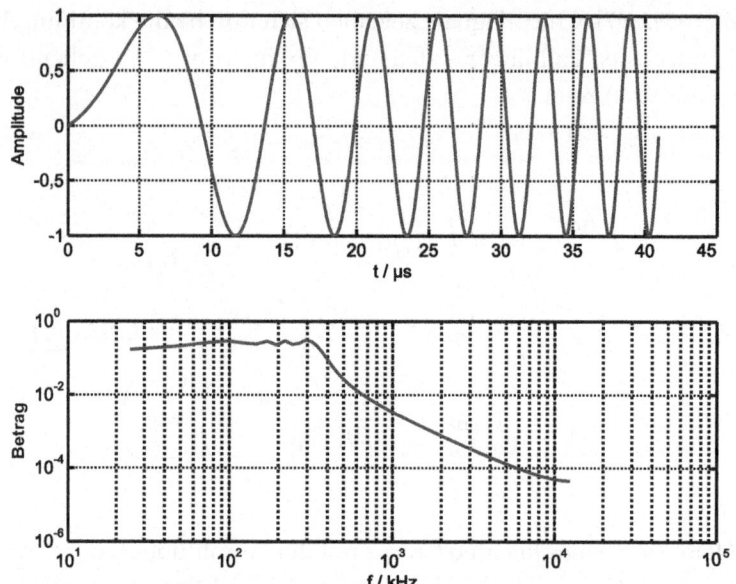

Abbildung 2.7: *Zeitsignal und Spektrum eines linearen Chirps mit 8 Perioden ($f_{start} = 12\,kHz$, $f_{stopp} \approx 380\,kHz$ und $T = 40{,}96\,\mu s$). Die Signalenergie ist zu 96,4 % im Frequenzbereich zwischen 12 kHz und 380 kHz verteilt.*

Der resultierende Gleichanteil und der Effektivwert sind durch

$$\begin{aligned}S_{\text{eff}} &= \sqrt{\frac{1}{T}\int_{t_0}^{t_0+T} s^2(t)\,\mathrm{d}t} \\ &= \sqrt{\frac{A^2}{T}\int_0^T \sin^2\left(2\pi\left(f_{\text{start}}\,t + \frac{f_{\text{stopp}} - f_{\text{start}}}{2T_{\text{chirp}}}\cdot t^2\right)\right)\mathrm{d}t}\end{aligned} \qquad (2.10)$$

2.3 Messwertaufnahme

$$S_{DC} = \frac{1}{T} \int_{t_0}^{t_0+T} s(t) dt = \frac{A}{T} \int_0^T \sin\left(2\pi \left(f_{start} \, t + \frac{f_{stopp} - f_{start}}{2T_{chirp}} \cdot t^2\right)\right) dt$$

(2.11)

gegeben und betragen ca. 7,7 % bzw. 69,4 % der Amplitude[3].

Um der gültigen Normung für medizinische Sicherheit gerecht zu werden (siehe Kapitel 2.6), muss für die praktische Realisierung der Gleichanteil durch Subtraktion von der Anregungsfunktion abgezogen werden. Durch die Energieverteilung im Spektrum sind zudem die spektralen Komponenten ca. 10 dB$_{FS}$ bis 20 dB$_{FS}$ kleiner als bei zeitmultiplexer sinusförmiger Anregung gleicher Länge[4].

2.3.4 Einfrequenz-Demodulation

Demodulation bezeichnet im weiteren Sinne die Rückgewinnung eines Nutzsignals aus einem Mischsignal. Im Fall der Impedanzmessung bezeichnet Demodulation die Rückgewinnung des Impedanzssignals aus der Mischung aus Impedanz- und Anregungssignal. Die einfachste Demodulationstechnik besteht bei sinusförmiger Anregung in der Betrachtung der Zeitsignale von Strom und Spannung und Ablesung der Spitzenwerte und des Phasenwinkels zwischen den Nulldurchgängen (siehe Kapitel 2.1). Es ist offensichtlich, dass dieses Verfahren sehr anfällig gegenüber Störungen ist, da nur wenige Messpunkte pro Periode für die Evaluierung herangezogen werden. Darüber hinaus beschränken die Wert- und Zeitdiskretisierung die Genauigkeit des Messergebnisses.

Eine deutlich leistungsfähigere Demodulationsart ist die I/Q-Demodulation. Diese Demodulation basiert auf der Multiplikation des gemesse-

---

[3] Die Werte wurden numerisch mit Mathworks MATLAB ermittelt.
[4] dB$_{FS}$ bezeichnet die Dämpfung mit der Normierung auf den Vollaussteuerungsbereich (engl. full scale).

nen Signals mit einem Sinus und einem Kosinus mit der gleichen Frequenz wie das Anregungssignal [33]. Dies führt bei nicht sinusförmiger Anregung dazu, dass nur die Grundschwingung demoduliert wird. Die Gleichungen

$$s_I(t) = A\sin(\omega t + \phi) \cdot \sin(\omega t) = \frac{A}{2}[\cos(\phi) - \cos(2\omega t + \phi)] \quad (2.12)$$

$$s_Q(t) = A\sin(\omega t + \phi) \cdot \cos(\omega t) = \frac{A}{2}[\sin(\phi) + \sin(2\omega t + \phi)] \quad (2.13)$$

zeigen die Herleitung der I/Q-Demodulation mit dem Inphase- (s_I) und Quadrature-Teil (s_Q) sowie mit der Amplitude (A).

Gleichungen (2.12) und (2.13) bestehen dabei aus einer zur Phase proportionalen Konstanten und einem variablen Anteil mit doppelter Anregungsfrequenz. Der variable Anteil wird anschließend durch Integration über die Periode ($T = 2\pi$) eliminiert

$$I = \frac{1}{\pi}\int_0^{2\pi} s_I(t)\,\mathrm{d}t = A\cos(\phi) \quad \text{und} \quad Q = \frac{1}{\pi}\int_0^{2\pi} s_Q(t)\,\mathrm{d}t = A\sin(\phi).$$

$$(2.14)$$

Für die anschließende Bestimmung von Betrag und Phase nutzt man im Allgemeinen die Orthogonalität von I und Q aus

$$\underline{S} = I + jQ = |\underline{S}| \cdot e^{j\phi} \quad (2.15)$$

$$\Rightarrow |\underline{S}| = \sqrt{I^2 + Q^2} = A, \quad \phi = \arctan\left(\frac{|Q|}{|I|}\right). \quad (2.16)$$

Eine Alternative zur Integration nach (2.14) ist die Nutzung von analogen Tiefpassfiltern (analoge I/Q-Demodulation) oder die kohärente

2.3 Messwertaufnahme

Summation über eine volle Signalperiode nach der Digitalisierung (digitale I/Q-Demodulation) [33, 96].

Für die Bestimmung der Bioimpedanz muss sowohl das Stromsignal als auch das Spannungssignal demoduliert werden. Die Bestimmung der Impedanz erfolgt anschließend nach Gleichung (2.1).

2.3.5 Mehrfrequenz-Demodulation auf Basis der Diskreten Fouriertransformation (DFT)

Um breitbandige Anregungen verarbeiten zu können und damit mehrere Spektralpunkte der Impedanz gleichzeitig demodulieren zu können, braucht man entsprechend geeignete Verfahren. Nach dem Satz von Parseval ist die Energie des Messsignals im Zeit- und Frequenzbereich gleich, was erlaubt, mit der Fourier-Transformation Signale im Frequenzbereich zu verarbeiten, solange das Abtasttheorem eingehalten wird [52]. Da die Demodulation aufgrund der Vorteile der digitalen Signalverarbeitung (siehe Kapitel 2.3.1) in der Regel digital erfolgt, wird die Diskrete Fouriertransformation (DFT) verwendet, welche auch als Erweiterung der I/Q-Demodulation auf mehrere Frequenzen aufgefasst werden kann.

Die Gleichung der DFT

$$X[n] = \sum_{k=0}^{N-1} x[k] \cdot e^{-j2\pi n k / N} \qquad (2.17)$$

beschreibt die Transformation eines Satzes von Abtastwerten im Zeitbereich $x[k]$, der Länge N in einen Satz von Fourier-Koeffizienten $X[n]$ der gleichen Länge. Die komplexen Fourier-Koeffizienten beschreiben Amplituden und Phasen an bestimmten diskreten Frequenzpunkten analog zu den Zeitbereichspunkten, welche bestimmte Amplituden an bestimmten Zeitpunkten repräsentieren [52, 114].

Für die Berechnung einer bestimmten Frequenzkomponente $X[n]$ ist eine mit den Phasen-Faktoren gewichtete Summation über alle Abtastwerte nötig. Diese Tatsache impliziert, dass jeder Fourier-Koeffizient auf allen Abtastwerten des Zeitsignals basiert (siehe auch Kapitel 2.5.4). Betrachtet man eine Abtastfrequenz $f_a = 1/T_a$ und N Abtastwerte, ist das Beobachtungsintervall T_0 durch $N \cdot T_a$ gegeben, was zu einer Frequenzauflösung[5] Δf nach der Gleichung

$$\Delta f = \frac{1}{N \cdot T_a} = \frac{f_a}{N} = 1/T_0 \qquad (2.18)$$

führt [114].

Eine Spezialform des DFT-Algorithmus ist die schnelle radix-2-Fourier-Transformation (engl. Fast Fourier Transformation (FFT)) nach Cooley und Tukey, welche eine effiziente Implementierung des DFT-Algorithmus darstellt und eine Länge von $N = 2^n$ besitzt. Die Einsparung der Berechnungskomplexität durch den Einsatz dieser FFT gegenüber der DFT ist mit $N/2 \log_2(N)$ anstatt N^2 komplexe Multiplikationen und $N \log_2(N)$ anstatt N^2 komplexe Additionen enorm [89]. Ein weiterer Vorteil der FFT ist, dass diese sehr effizient auch in digitaler Hardware implementierbar ist. So können die konstanten Phasen-Faktoren vorberechnet und in einer Umsetzungstabelle abgelegt werden [89]. Der Nachteil der vorgegebenen Länge und somit des vorgegebenen Beobachtungsintervalls ist in der Bioimpedanzanwendung kein Problem, da das Anregungssignal selbst erzeugt wird und hierdurch die Frequenz und damit die Länge bestimmt werden kann.

Abbildung 2.8 zeigt die prinzipielle Ermittlung des Impedanzspektrums mittels FFT für eine beliebige Impedanz $\underline{Z}$. Das breitbandige Anregungssignal $s(t)$ wird über einen Digitalanalogwandler (engl. DAC)

---

[5] Ein diskretes Spektrum hat eine kontinuierliche Zeitfunktion.

2.3 Messwertaufnahme

und eine spannungsgesteuerte Stromquelle (engl. Voltage Controlled Current Source (VCCS)) als Strom durch die unbekannte Impedanz getrieben. Die entstehende Spannung über der Impedanz wird mit einem programmierbaren Verstärker (engl. Programmable Gain Amplifier (PGA)) verstärkt und anschließend über einen ADC digitalisiert und mittels FFT in den Spektralbereich transformiert. Der Strom wird über einen Strom-Shunt R_S und einen zweiten PGA ebenfalls gemessen und digitalisiert. Die Division des Spannungs- und Stromspektrums liefert das Spektrum der unbekannten Impedanz $\underline{Z}(\omega)$.

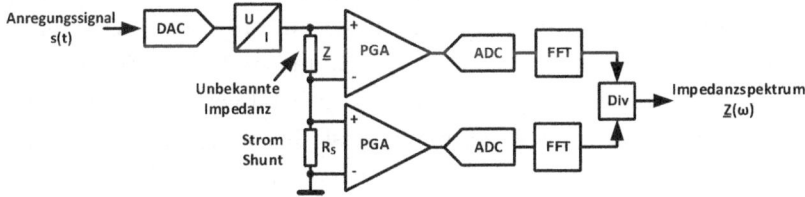

Abbildung 2.8: Bestimmung des Impedanzspektrums mittels FFT

Bei dieser Division müssen allerdings numerische Effekte berücksichtigt werden. So führt z. B. die Division durch sehr kleine Stromamplituden zu unbrauchbaren Spektralkomponenten. Dies passiert unter anderem, wenn das Anregungssignal nicht breitbandig genug ist und die Stromamplitude unter das Rauschniveau fällt bzw. wenn die numerische Genauigkeit nicht mehr ausreicht. Ein Vorteil der FFT-basierten Demodulation ist die Verteilung der Rauschenergie über das gesamte Spektrum, was zu einem SNR-Gewinn führt (siehe Kapitel 2.5.4).

2.3.6 Digital-Analog- / Analog-Digital-Umsetzung

Für die Umsetzung von analogen in digitale Signale und von digitalen Signalen in analoge werden entsprechende Wandler benötigt. Die für diese Umsetzung zur Verfügung stehenden Technologien werden nachfolgend – mit ihren spezifischen Vor- und Nachteilen – vorgestellt.

Bei Digitalanalogwandlern unterscheidet man im Allgemeinen vier verschiedene Architekturen (Sigma-Delta, R-2R, String, Current-Steering), welche sich hauptsächlich durch ihre benötigte Einschwingzeit (engl. settling time) bzw. durch die maximal erreichbare Abtastfrequenz und Auflösung unterscheiden. Während Sigma-Delta-DAC Auflösungen bis zu 24 bit unterstützen, liegt die minimale Einschwingzeit bei ca. 10 μs (entsprechend 100 kilo Sample per Second (KSPS)). Im Mittelfeld befinden sich R-2R-DAC und String-DAC mit Abtastfrequenzen von bis zu wenigen Mega Sample per Second (MSPS) bei Auflösungen mit bis zu 12 bit. Abtastraten oberhalb von 10 MSPS können hingegen ausschließlich von stromgesteuerten DAC mit Stromausgang erreicht werden [117]. Diese DAC sind derzeit mit bis zu 2.5 Giga Sample per Second (GSPS) mit Auflösungen von bis zu 16 bit verfügbar. Ein direkter Vergleich unterschiedlicher Bauteile ist allerdings meist schwierig, da sich die verwendenden Testbedingungen stark unterscheiden.

Für die Umsetzung von Analogsignalen gibt es vier grundlegende Technologien: Sigma-Delta-ADC, Successive-Approximation-Register-ADC (SAR-ADC), Flash-ADC sowie Pipelined-ADC, welche sich neben der Leistungsaufnahme hauptsächlich durch Auflösung und Abtastrate unterscheiden. Während Sigma-Delta-ADC Auflösungen von bis zu 24 bit bei wenigen KSPS unterstützen, sind mit SAR-ADC Auflösungen von 16 bit bei einigen MSPS erzielbar. Höhere Abtastraten von einigen GSPS sind ausschließlich mit Flash-ADC oder Pipelined-ADC erreichbar, wobei Flash-ADC nur bis ca. 10 bit erhältlich sind (die Aufbaukomplexität von Flash-ADC und der benötigte Platzbedarf verdoppelt sich pro Bit) [117]. Wie bei DAC ist auch bei ADC ein direkter Vergleich unterschiedlicher Typen und Hersteller aufgrund der stark unterschiedlichen Testbedingungen sehr schwierig.

Nach der Studie von etlichen Datenblättern und Gesprächen mit verschiedenen Field Application Enginers (FAEs), erscheinen stromgesteuerte Hochgeschwindigkeits-DAC mit Stromausgang in Kombination mit Pipelined-ADC – für die Erzeugung und Messung von beliebigen Anregungssignalen für die Bioimpedanzmessung im Bereich der Beta-Dispersion – die beste Wahl zu sein. Da beide Wandlertypen aufgrund des hohen Datendurchsatzes in der Regel mit einer parallelen Hochgeschwindigkeitsschnittstelle ausgestattet sind, wird für die Adaption ein FPGA bzw. ein spezieller Mikrocontroller oder Digitaler Signalprozessor (DSP) mit FPGA-Teil benötigt. Um eine endgültige Technologieauswahl treffen zu können, werden nun zunächst mögliche Messprinzipien vorgestellt. Diese werden anschließend im Kapitel 2.5 weiter untersucht.

2.4 Mögliche Messprinzipien

Basierend auf den grundlegenden Messproblemen lassen sich verschiedene Herausforderungen der Bioimpedanzmessung ableiten. So ist der interessante Frequenzbereich der Beta-Dispersion von ca. 1 kHz bis 1 MHz relativ groß und die zu erwartenden Gewebeimpedanzen haben eine große Dynamik. Bei Frequenzen über 100 kHz führen zudem auch kleinere parasitäre Kapazitäten zu merklichen Messunsicherheiten. Dies drückt sich insbesondere in der Phasenunsicherheit aus, da die Gewebekapazität relativ klein ist. Der Betrag der ESI ist hingegen nicht bekannt und variiert in einem größeren Bereich, weiterhin behindern Halbzellenspannungen die Messung. Zusätzlich wird der Großteil der wirkenden Gleichtaktspannungen durch die Anregung selbst erzeugt und kann aufgrund der Lage im gleichen Frequenzband nicht gefiltert werden (siehe Kapitel 2.5.2 und 4.7.1). Aufgrund der ESI ist die Gleichtaktspannung zudem relativ groß. In den nachfolgenden Kapiteln werden verschiedene Realisierungsmöglichkeiten für Bioimpedanzmessungen dargestellt und evaluiert.

2.4.1 Strom- oder Spannungsanregung

Eine grundlegende Frage bei (Bio-)Impedanzmessungen ist, ob Spannungs- oder Stromquellen für die Anregung benutzt werden. Auch wenn beide Möglichkeiten in der Theorie die gleichen Ergebnisse liefern, gibt es für die praktische Umsetzung einige Randbedingungen. So sind Wechselspannungsquellen, die über einen größeren Frequenzbereich stabil sind, in der Regel wesentlich einfacher aufzubauen als Wechselstromquellen [44, 127]. Allerdings werden durch Normungen in der Medizintechnik frequenzabhängige, maximal erlaubte Stromstärken vorgeschrieben (siehe Kapitel 2.6). Da diese Anforderung mit Wechselspannungsquellen nur mit größeren Anstrengungen erreichbar ist, werden in der Regel spannungsgesteuerte Wechselstromquellen eingesetzt [12, 49, 125]. Aufgrund dessen wird nachfolgend von einer Stromanregung ausgegangen.

Abbildung 2.9 zeigt die Ersatzschaltbilder einer realen Spannungs- und Stromquelle. Während die reale Spannungsquelle im Vergleich zur idealen Stromquelle eine Ausgangsimpedanz in Serie besitzt, hat die reale Stromquelle eine endliche Ausgangsimpedanz parallel zur idealen Stromquelle. Die Frequenzabhängigkeit wird durch die Ausgangskapazitäten (C_A) bzw. durch die daraus folgenden Ausgangsimpedanzen (Z_A) modelliert, welche die oberen Grenzfrequenzen bestimmen.

Wichtige Parameter für reale Quellen sind neben den Ausgangsimpedanzen auch die maximalen Ströme und Spannungen bzw. die maximalen Ausgangsleistungen, die die jeweilige Quelle liefern kann. Reale Quellen haben zudem einen frequenzabhängigen Compliance-Bereich, in welchem die Ausgangsspannung bzw. der Ausgangsstrom nahezu konstant gehalten werden kann. Abbildung 2.9 b) zeigt das Ersatzschaltbild einer üblicherweise verwendeten spannungsgesteuerten Stromquelle (engl. VCCS).

2.4 Mögliche Messprinzipien

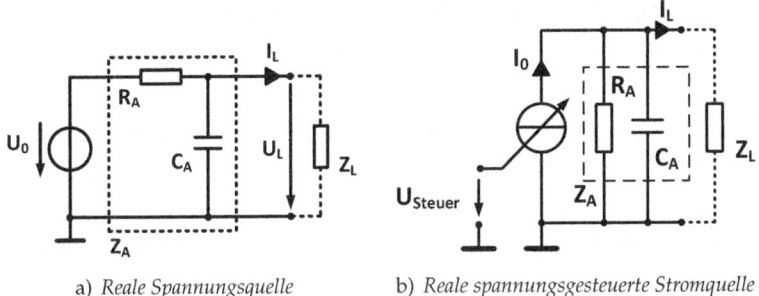

a) Reale Spannungsquelle b) Reale spannungsgesteuerte Stromquelle

Abbildung 2.9: *Ersatzschaltbilder einer realen Strom- und Spannungsquelle*

2.4.2 Messung des Anregungsstroms

Um die Bioimpedanz nach Gleichung (2.1) bestimmen zu können, müssen Betrag und Phase von Strom und Spannung bekannt sein. Ein gängiger Ansatz ist, die Spannung zu messen und den Ausgangsstrom der Stromquelle als bekannt anzunehmen. Dieses Vorgehen führt allerdings zwangsläufig zu Fehlmessungen bei Betrag und Phase aufgrund von parasitären Kapazitäten und des nicht idealen Verhaltens der Stromquelle [13, 49, 61, 78, 87]. Der klassische Ansatz, diese Effekte durch eine – auf eine bestimmte Frequenz abgestimmte – Erhöhung der Ausgangsimpedanz zu umgehen, wird in dieser Arbeit aufgrund der angestrebten zeitgleichen breitbandigen Messung der Bioimpedanz verworfen. Stattdessen wird von einer gleichzeitigen Messung von Spannung und Strom ausgegangen, um eine hohe Messgenauigkeit zu ermöglichen. Nachfolgend werden dazu einige Untersuchungsergebnisse von verschiedenen Schaltungstopologien vorgestellt, um daraus eine Architekturentscheidung für das zu entwickelnde Messgerät, ableiten zu können.

2.4.3 Vier-Elektroden-Bioimpedanzmessung mit asymmetrischer Stromeinspeisung und -Messung

Abbildung 2.10 zeigt das erweiterte Ersatzschaltbild einer Vier-Elektroden-Bioimpedanzmessung mit einer asymmetrischen VCCS. Das Voltmeter ist mit seiner Ersatzimpedanz Z_{VM} modelliert, die parasitären Kapazitäten C_{P1} und C_{P2} stellen die Zuleitungen sowie die Eingangskapazitäten dar. Typische Werte unter Verwendung von getriebenen Schirmen sind in der Größenordnung von einigen pF. Nicht modelliert sind die Eingangsströme des Voltmeters, da diese als reine Gleichströme außerhalb des Messbereichs liegen.

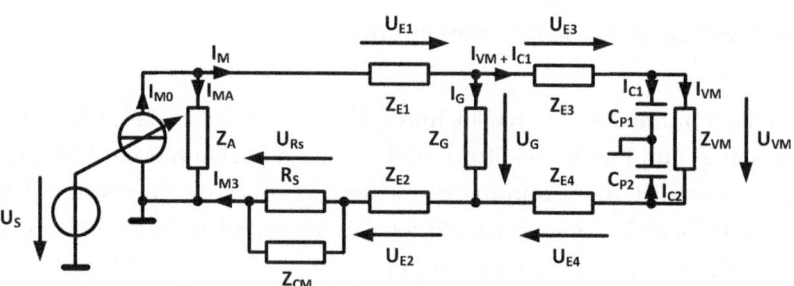

Abbildung 2.10: Erweitertes Ersatzschaltbild der Bioimpedanzmessung mit Rückstrommessung.

Für eine möglichst genaue Messung der Gewebeimpedanz Z_G müssen alle Werte des Ersatzschaltbilds genau bekannt sein. Da dies in der Praxis schwer erreichbar ist, soll der Gewebestrom I_G gemessen werden. Als Messort für die Strommessung bietet sich dabei der Rückstrom I_{M3} an, der über einen niederohmigen Messwiderstand R_S gemessen wird ($|I_G - I_{M3}| < |I_G - I_M|$). Der gemessene Strom ist allerdings aufgrund der Streukapazitäten C_{P1} und C_{P2} kleiner als der tatsächliche Gewebestrom I_G. Der Stromabfluss über den hochimpedanten Shunt-Spannungsmesser Z_{CM} kann hier aufgrund des kleinen Mess-

2.4 Mögliche Messprinzipien

widerstands (im Bereich von einigen $10\,\Omega$) vernachlässigt werden. Ein Nachteil der hier verwendeten einseitig geerdeten Stromquelle ist die bei der Spannungsmessung auftretende Gleichtaktspannung $U_{CM(U)} = I_{M3}(Z_{E2} + R_S + Z_G/2)$, welche wegen der endlichen Gleichtaktunterdrückung der Messverstärker zu einer Messunsicherheit führt. Die auftretende Gleichtaktspannung bei der Strommessung $U_{CM(I)} = I_{M3} \cdot R_S/2$ ist hingegen klein und kann durch Kalibrierung eliminiert werden (siehe Kapitel 4.7.1).

2.4.4 Gleichtaktfreie Strom- und Spannungsmessung

Eine Möglichkeit, die Gewebespannung nahezu gleichtaktfrei zu halten, ist in Abbildung 2.11 dargestellt. Die Schaltung ist eine Erweiterung der Schaltung aus Abbildung 2.10 um einen über Spannungsfolger getriebenen Übertragungstransformator. Die Spannungsfolger sind hier notwendig, um die vergleichsweise kleine Impedanz des Übertragungstransformators an die gefordert hohe Impedanz der Spannungsmessung anzupassen.

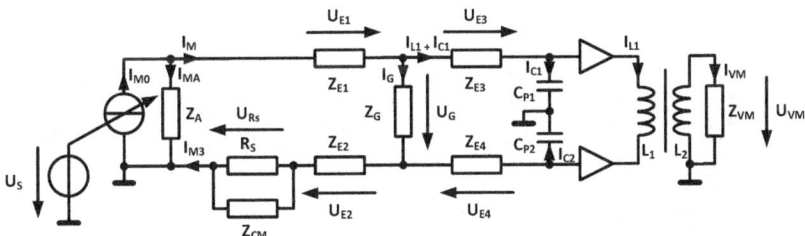

Abbildung 2.11: Erweitertes Ersatzschaltbild der Bioimpedanzmessung mit Rückstrommessung und Übertragungstransformator für die gleichtaktfreie Spannungsmessung

Die zu messende Gewebespannung U_G wird hier von den Elektroden Z_{E3} und Z_{E4} über Impedanzwandler an die Primärseite L_1 eines Übertragungstransformators geführt. Da der Übertragungstransformator nur die Differenzspannung auf seine Sekundärseite L_2 überträgt, kann diese durch das Voltmeter gleichtaktfrei gemessen werden.

Diese Lösung ist sehr vielversprechend, allerdings entstehen auch hier an den benötigten Impedanzwandlern Gleichtaktspannungen. Die Differenz der durch den CMRR der Impedanzwandler gedämpften Gleichtaktspannungen wird dadurch auf die Sekundärseite als Differenzspannung übersetzt. Zusätzlich führt die frequenzabhängige Kopplung des Übertragungstransformators zu einer zusätzlichen Messunsicherheit in der Übertragungskette.

2.4.5 Symmetrische Stromeinspeisung zur gleichtaktfreien Spannungsmessung

Eine alternative Schaltungsanordnung, die ohne Transformator auskommt und dennoch eine Minimierung der auftretenden Gleichtaktspannungen erlaubt, ist in Abbildung 2.12 gezeigt.

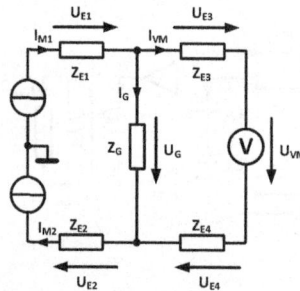
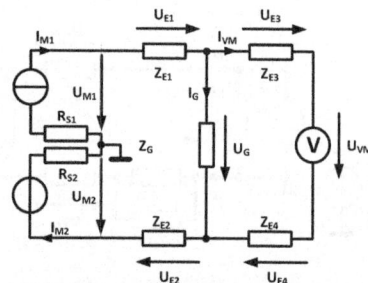

a) *Ersatzschaltbild Bioimpedanzmessung mit symmetrischer Stromquelle*

b) *Ersatzschaltbild Bioimpedanzmessung mit symmetrischer Stromquelle aufgebaut mit einem Spannungsfolger sowie mit Rückstrommessung*

Abbildung 2.12: *Ersatzschaltbild Bioimpedanzmessung mit symmetrischen Stromquellen*

2.4 Mögliche Messprinzipien

Die Stromeinspeisung ist hier symmetrisch aufgebaut. Durch den nun symmetrischen Stromfluss ist die am Voltmeter wirkende Gleichtaktspannung etwa 0 V, solange $Z_{E1} \approx Z_{E2}$ und $I_{M1} \approx I_{M2}$. In der Praxis ist ein Abgleich der Stromquellen schwierig, weshalb – wie in Abbildung 2.12 b) zu sehen – die zweite Stromquelle auch als von der Ausgangsspannung U_{M1} gesteuerte Spannungsquelle aufgebaut werden kann [30].

Die Schaltung ist im Prinzip frei von Gleichtaktspannungsproblemen, solange die Elektrodenimpedanzen und die vorhandenen parasitären Einflüsse näherungsweise gleich groß sind. Ein weiterer Vorteil der symmetrischen Stromeinspeisung ist, dass der maximale Spannungshub – und damit der Compliance-Bereich der Stromquelle – verdoppelt wird. Problematisch an dieser Anordnung ist allerdings, eine stabile Funktion über einen größeren Frequenzbereich zu erreichen.

2.4.6 Symmetrische Stromeinspeisung mit Transformator

Eine weitere alternative Schaltungsanordnung, um einen symmetrischen Strom ohne eine zweite Quelle zu erzeugen, ist die Verwendung eines Transformators mit Mittelanzapfung, wie in Abbildung 2.13 dargestellt. Hier wird an die Primärspule eine Spannung angelegt, welche zu einer Spannung in der Sekundärspule führt. Der Strom wird über die Messwiderstände R_{S1} und R_{S2} gemessen und kann zur Regelung der Primärspannung benutzt werden. Dadurch, dass die Mittelanzapfung der Sekundärseite auf dem Systemmassepotential liegt, ist auch hier die Gleichtaktspannung minimal, wenn die Mittelanzapfung in der Windungsmitte liegt und die magnetischen Flüsse in den Sekundärspulen gleich groß sind.

Ein weiterer Vorteil dieses Aufbaus besteht in der Tatsache, dass neben der Spannung auch der Strom prinzipiell gleichtaktfrei gemessen werden kann. Allerdings bringt die Verwendung eines Transformators

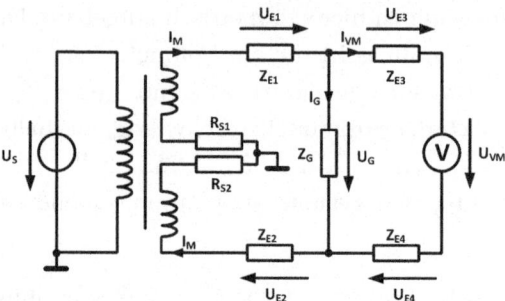

Abbildung 2.13: *Ersatzschaltbild Bioimpedanzmessung mit symmetrischer Stromquelle inklusive Transformator und Strommessung*

durch dessen Größe und durch parasitäre Eigenschaften auch Nachteile mit sich, sodass bei einer praktischen Realisierung die Regelung über einen größeren Frequenzbereich zur Instabilität neigt, was ein komplexes Regelungssystem erfordert. Weiterhin besteht die Gefahr, dass Hysterese-Effekte im Transformatorkern zu Harmonischen im Anregungssignal führen, welche allerdings aufgrund der Strommessung auf der Sekundärseite direkt gemessen und ggf. kompensiert werden könnten.

Basierend auf den vorgestellten Schaltungstopologien und durchgeführten Schaltungsanalysen und Simulationen wird die in Kapitel 2.4.3 dargestellte Topologie als bester Kompromiss aus Stabilität, Genauigkeit und Realisierbarkeit angesehen und für die weitere Evaluierung in dem zu entwickelnden BMS benutzt.

2.5 Einflüsse auf die Messunsicherheit

Neben den bereits dargestellten systematischen Messunsicherheiten der vorgestellten Messprinzipien gibt es eine Reihe zusätzlicher systematischer und statistischer Einflüsse. Diese Einflüsse werden in diesem Kapitel vorgestellt und entsprechend ihres Einflusses beurteilt, um so

2.5 Einflüsse auf die Messunsicherheit

schon vor der Realisierung des Messgeräts mögliche Architekturfehler ausschließen zu können.

2.5.1 Abschätzung der Messunsicherheit der Vier-Elektroden-Messung

Wie in Kapitel 2.2.2 angedeutet, treten in der Praxis im Zuge der Stromflüsse durch die Spannungselektroden auch bei der Vier-Elektroden-Messung systematische Messabweichungen auf. Basierend auf dem Ersatzschaltbild aus Abbildung 2.10 und unter Vernachlässigung etwaiger zur Stromquellenmasse führender Streukapazitäten ($C_{P1} = C_{P2} = 0 \Rightarrow I_M = I_{M3}$) und der Annahme, dass die Ersatzimpedanz des Spannungsmessers Z_{CM} sehr groß gegenüber dem Messwiderstand R_S ist ($Z_{CM} \| R_S \approx R_S \wedge I_M = U_{RS}/R_S$), kann die relative Abweichung vom wahren Messwert (Z_G) gegenüber dem gemessenen Wert ($Z_G + \Delta Z_G$) sowie die relative Messabweichung $\Delta Z_G / Z_G$ hergeleitet werden:

$$Z_G + \Delta Z_G = \frac{U_{VM}}{U_{RS}/R_S} = \frac{U_{VM}}{I_M} \wedge Z_G = \frac{U_G}{I_G} \wedge I_M = I_{VM} + I_G$$

$$\Rightarrow \frac{Z_G}{Z_G + \Delta Z_G} = \frac{U_G I_M}{U_{VM} I_G} = \frac{Z_G I_G (I_{VM} + I_G)}{Z_{VM} I_{VM} I_G} = \frac{Z_G}{Z_{VM}} \left(1 + \frac{I_G}{I_{VM}}\right)$$

mit der Stromteilerregel $\quad \dfrac{I_G}{I_{VM}} = \dfrac{Z_{E3} + Z_{E4} + Z_{VM}}{Z_G} \quad$ folgt daraus:

$$\frac{Z_G}{Z_G + \Delta Z_G} = 1 + \frac{Z_{E3}}{Z_{VM}} + \frac{Z_{E4}}{Z_{VM}} + \frac{Z_G}{Z_{VM}} \qquad (2.19)$$

Die Gleichung

$$\frac{\Delta Z_G}{Z_G} = \frac{1}{1 + \dfrac{Z_{E3}}{Z_{VM}} + \dfrac{Z_{E4}}{Z_{VM}} + \dfrac{Z_G}{Z_{VM}}} - 1 \quad . \qquad (2.20)$$

zeigt die relative systematische Messabweichung in Abhängigkeit der Gewebe- und Elektrodenimpedanz zur Impedanz des Voltmeters Z_{VM}. Es kann abgeleitet werden, dass die Impedanz des Voltmeters möglichst hoch und die Impedanz von Elektroden und Gewebe möglichst klein sein sollte. Modelliert man das Voltmeter als RC-Glied mit $10\,\text{M}\Omega \| 3\,\text{pF}$ und betrachtet die Impedanzen bei 10 kHz und 500 kHz, ergeben sich realistische Voltmeterimpedanzen von $\underline{Z}_{VM} = 4{,}66\,\text{M}\Omega \cdot e^{-j62{,}2°}$ und entsprechend $\underline{Z}_{VM} = 106\,\text{k}\Omega \cdot e^{-j89{,}4°}$. Mit reellen Elektrodenimpedanzen und unter Vernachlässigung der außerhalb des Messbereichs liegenden Halbzellenspannungen der ESI von 150 Ω bei 10 kHz und 50 Ω bei 500 kHz [66], lässt sich mit Gewebeimpedanzen von 100 Ω und 50 Ω die relative systematische Messabweichung bzw. die absolute Phasenabweichung $\Delta\varphi$ zu folgenden Werten abschätzen:

$$\left|\frac{\Delta Z_G}{Z_G}\right|_{10\,\text{kHz}} \ll 1\,\text{‰} \quad \text{und} \quad \Delta\varphi < 0{,}01° \qquad (2.21)$$

$$\left|\frac{\Delta Z_G}{Z_G}\right|_{500\,\text{kHz}} \approx 1{,}4\,\text{‰} \quad \text{und} \quad \Delta\varphi \approx 0{,}08° \qquad (2.22)$$

Die Messabweichungen aufgrund der Eingangsimpedanz des Voltmeters im Frequenzbereich bis 500 kHz sind somit vernachlässigbar – bei einer angestrebten Gesamtmessgenauigkeit von 0,1 % bzw. 0,1°.

2.5.2 Abschätzung des Gleichtaktfehlers

Wie anhand des erweiterten Blockschaltbilds aus Abbildung 2.10 hervorgeht, entsteht der Großteil der CMV bei Bioimpedanzmessungen durch den Anregungsstrom in Kombination mit den ESI. Abbildung 2.14 zeigt das Ersatzschaltbild eines realen Differenzverstärkers, wie er typischerweise für die Spannungsmessung benutzt wird, mit der Ausgangsspannung U_A, der Differenzspannung U_D, den Eingangsströmen

2.5 Einflüsse auf die Messunsicherheit

I_{B+} und I_{B-} sowie der Offsetspannung U_{OS} und der Gleichtaktspannung U_{CM}.

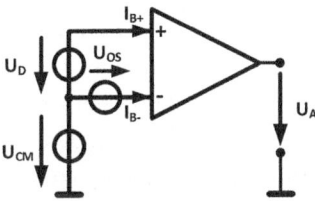

Abbildung 2.14: *Realer Differenzverstärker mit den verschiedenen Ein- und Ausgangsgrößen.*

Geht man von einem Gewebe- und Messwiderstand von 50 Ω und einer Elektrodenimpedanz von 100 Ω bei sinusförmigen Anregung von 5 mA aus, erhält man realistische Werte für die Gewebespannung U_D = 250 mV und für die Gleichtaktspannung U_{CM} = 750 mV. Nach Gleichung (2.4) führt damit ein CMRR von 60 dB bei einer Verstärkung von eins zu einer Messabweichung von 3 ‰. Diese Messabweichung lässt sich im Allgemeinen noch durch die Auswahl eines geeigneten Verstärkers verringern, so hat beispielsweise der AD8250 (Texas Instruments) einen CMRR > 100 dB bis 1 kHz, > 70 dB bis 100 kHz und ca. 60 dB bei 1 MHz. Problematischer wird die Situation, wenn der Einfluss der Streukapazitäten berücksichtigt wird. Die Streukapazitäten führen in diesem Fall zusammen mit einem Elektrodenungleichgewicht dazu, dass die Gleichtaktspannung bereits vor dem Differenzverstärker zu einer Differenzspannung umgewandelt wird und somit nicht mehr von der zu messenden Spannung getrennt werden kann (siehe Kapitel 4.7.1).

2.5.3 Quantisierungsrauschen

Bei der Umsetzung von Analogsignalen in Digitalsignale – und umgekehrt – entsteht durch die Quantisierung eine Störung. Diese wird als

Quantisierungsrauschen bezeichnet. Die Größe des Quantisierungsrauschens wird dabei durch den kleinsten Auflösungsschritt (engl. Least Significant Bit (LSB)) des Wandlers bestimmt. Das LSB ist gegeben als $q = 2 \cdot A/(2^n - 1)$, wobei n die Anzahl der Bits des Wandlers und $2 \cdot A$ die Vollaussteuerung des Wandlers mit einem symmetrischen Signal der Amplitude A darstellt [90]. Für eine tolerierte relative Abweichung von weniger als 1 ‰ kann für $n \geq 10$ von der Vereinfachung $q \approx 2 \cdot A/2^n$ ausgegangen werden. Nimmt man den Quantisierungsfehler eines n-bit-Wandlers in Vollaussteuerung als gleichverteilt an, ergibt sich über den Verschiebungssatz der Statistik: $\text{Var}(X) = \text{E}(X^2) - (\text{E}(X))^2$, mit dem Erwartungswert E und der Zufallsvariablen X, die Standardabweichung σ der Quantisierung (Effektivwert des Rauschsignals) nach [53]

$$\text{Var}(X) = \sigma^2 = \frac{1}{12}(-q/2 - q/2)^2 = \frac{q^2}{12} \quad \text{für X gleichverteilt}$$
$$\Rightarrow \sigma = \sqrt{\text{Var}(X)} = \frac{q}{\sqrt{12}} = \frac{2 \cdot A}{2^n \sqrt{12}}. \tag{2.23}$$

Mit dem Scheitel-Faktor[6] für sinusförmige Signale ($1/\sqrt{2}$) führt dies zum theoretischen SNR des Wandlers

$$\begin{aligned} SNR_{\text{dB}} &= 10 \log \left(\frac{P_{\text{Signal}}}{P_{\text{noise}}} \right) = 20 \log \left(\frac{\text{Signal}_{\text{RMS}}}{\text{Noise}_{\text{RMS}}} \right) \\ &= 20 \log \left(\frac{A\sqrt{2}}{2A/(2^n \cdot \sqrt{12})} \right) \\ &= 20 \log \left(\frac{2^n \cdot \sqrt{3}}{\sqrt{2}} \right) = n \cdot 6{,}02 + 1{,}76 \, . \end{aligned} \tag{2.24}$$

---

[6] Der Scheitel-Faktor (engl. Crest-Faktor) ist definiert als das Verhältnis von Spitzenwert zu Effektivwert und ist ein Maß für die Form des Signals.

2.5 Einflüsse auf die Messunsicherheit

Ist die Aussteuerung jedoch kleiner als die Vollaussteuerung ($x \cdot A$ mit $x < 2$), führt dies zu einem SNR-Verlust und Gleichung (2.24) geht – mit dem Vollaussteuerungsnutzungsfaktor ($P_{\text{Fullscale}}$) – in

$$SNR_{\text{dB}} = 20 \log \left(\frac{A/\sqrt{2}}{x \cdot A/(2^n \cdot \sqrt{12})} \right)$$
$$= n \cdot 6,02 + 7,78 - 20 \log(2/P_{\text{Fullscale}}) \qquad (2.25)$$

über.

In der Praxis kommt es im Wandler neben dem eigentlichen Quantisierungsrauschen auch zu Verzerrungen, welche durch verschiedene Maße charakterisiert werden [70]. Diese sind vor allem die gesamte harmonische Verzerrung (engl. Total Harmonic Distortion (THD))

$$THD = \frac{\sqrt{U_2^2 + U_3^2 + U_4^2 + \cdots + U_n^2}}{U_1} \qquad (2.26)$$

und der störungsfreie dynamische Bereich (engl. Spurious-free Dynamic Range (SFDR))

$$SFDR = 20 \log \left(\frac{U_{\text{Grund}}}{\max(U_{\text{Stör}})} \right). \qquad (2.27)$$

Der THD ist nach Gleichung (2.26) definiert als das Verhältnis der Summe der Energie der Harmonischen und der Energie der Grundschwingung. Der SFDR ist hingegen durch Gleichung (2.27) als das Verhältnis des Effektivwerts der Grundschwingung zum Effektivwert der größten Störung gegeben und wird entweder normiert auf die Grundschwingung bzw. das Trägersignal (engl. carrier) als dB_c oder normiert auf die Vollaussteuerung (engl. full scale) als dB_{FS} angegeben [70].

Aus dem THD und dem SNR lässt sich nach

$$SINAD_{dB} = THD + SNR = 20\log\sqrt{\left(10^{-\frac{SNR_{dB}}{20}}\right)^2 + \left(10^{-\frac{THD_{dB}}{20}}\right)^2}$$
(2.28)

der Signal to Noise and Distortion Ratio (SINAD) und anschließend die effektive Auflösung (engl. Effective Number of Bits (ENOB)) nach

$$ENOB = \frac{SINAD_{dB} - 1{,}76}{6{,}02}$$
(2.29)

des Wandlers errechnen [70]. Aus den Gleichungen (2.28) und (2.29) lässt sich ableiten, dass die Auflösung realer Wandler immer schlechter ist als die aufgrund der Anzahl der Bits erwartete Auflösung. Aus diesem Grund ist für die Auswahl eines geeigneten Wandlers eine genaue Studie der jeweiligen Datenblätter und Testbedingungen notwendig (siehe auch Kapitel 2.3.6) [70, 116, 117].

2.5.4 Überabtastung

Da sich durch die Abtastung hochfrequente Rauschanteile oberhalb der Nyquist-Frequenz zurück ins Basisband falten, führt dies zu einer effektiven Erhöhung des Rauschniveaus im Basisband und somit zu einem Absinken des effektiven SNR. Durch Überabtastung ist es allerdings möglich, den Effekt der Rückfaltung zu verkleinern und so die effektive Auflösung zu erhöhen [70, 113, 116].

Bei der Überabtastung wird das Nutzsignal sehr viel schneller abgetastet als nötig. Dadurch sinken zum einen die Anforderungen an den

2.5 Einflüsse auf die Messunsicherheit

Antialias-Filter [113] und zum anderen wird die vorhandene Rauschenergie über den kompletten Nyquist-Bereich verteilt. Ausgehend davon, dass die Rauschenergie vor allem durch die effektive Auflösung des Wandlers bestimmt ist, führt dies zu einer effektiven Reduzierung des Rauschniveaus im Frequenzbereich des Nutzsignals. Diese effektive Absenkung des Rauschniveaus wird Prozessgewinn genannt und ergibt sich zu $10\log(f_a/(2 \cdot \Delta f))$ mit der Bandbreite des abgetasteten Nutzsignals Δf [113]. Gleichung

$$SNR_{dB} = 6,02 \cdot n + 1,76 + \underbrace{10\log\left(\frac{f_a}{2\Delta f}\right)}_{\text{Prozessgewinn}} - 20\log\left(\frac{2}{P_{\text{Fullscale}}}\right) \quad (2.30)$$

zeigt die Erweiterung von Gleichung (2.25) um den SNR-Gewinn mit der Abtastfrequenz f_a und der Bandbreite des Nutzsignals Δf.

Bei der Verwendung einer FFT-basierten Demodulierung wird der Überabtastungsfaktor $(f_a/(2 \cdot \Delta f))$ durch die Länge der FFT bestimmt. Unter Ausnutzung von Gleichung (2.18) folgt daher

$$SNR_{\text{FFT(dB)}} = 6,02 \cdot n + 1,76 + \underbrace{10\log\left(\frac{N_{\text{FFT}}}{2}\right)}_{\text{Prozessgewinn der FFT}} - 20\log\left(\frac{2}{P_{\text{Fullscale}}}\right).$$

(2.31)

Aus Gleichung (2.31) kann abgeleitet werden, dass die Länge der FFT einen signifikanten Einfluss auf den SNR der Demodulation hat. Gleichung (2.31) zeigt zudem, dass der SNR der FFT-basierten Demodulation unabhängig ist von der Anzahl der Anregungsperioden und nur von der Länge der FFT bestimmt wird. Theoretisch ist es daher möglich, für die Messung der Bioimpedanz nur genau eine Periode anzuregen. Eine Überabtastung vor der FFT kann dennoch nützlich sein, um z. B. einen gleitenden Mittelwert als Eingangsfilter für die FFT zu bilden und so den SNR noch weiter zu erhöhen (siehe Kapitel 4.2 bzw. Kapitel 4.7.3).

2.5.5 Jitter

In diesem Abschnitt soll der Einfluss der meist statistischen Variation der Zeitreferenz (engl. Jitter) auf die Messung untersucht werden. Bezogen auf das Taktsignal eines ADC oder DAC kann diese Variation zur Verzerrung des abgetasteten Signals auf Grund der Verschiebung des Abtastzeitpunkts führen. Die Größe des Gesamt-Jitters setzt sich dabei aus Takt- und Apparatur-Jitter (engl. clock and apparatus jitter) zusammen, wobei der Takt-Jitter der Jitter ist, welcher direkt am Wandler messbar ist. Der Apparatur-Jitter hingegen ist der Jitter-Anteil, der im Wandler selbst produziert wird. Abbildung 2.15 zeigt den Einfluss eines Jitters am Abtastzeitpunkt am Beispiel einer sinusförmigen Schwingung.

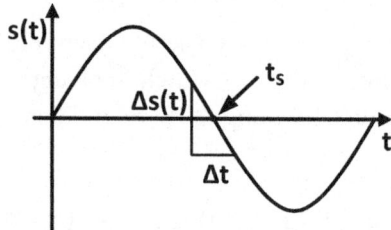

Abbildung 2.15: *Einfluss von Taktzittern (engl. Jitter) auf den Abtastwert. Eine Verschiebung des Abtastzeitpunkts um Δt führt zu einem Amplitudenfehler $\Delta s(t)$.*

Es ist erkennbar, dass ein Jitter des Taktsignals um Δt zu einem Amplitudenfehler $\Delta s(t)$ führt. Dieser ist proportional zur Steigung der Funktion um den Abtastzeitraum herum. Ausgehend von einer sinusförmigen Funktion $s(t) = A \cdot sin(2\pi f t)$, tritt der maximale Amplitudenfehler um den Nulldurchgang herum auf. Daraus folgt der Zusammenhang

$$\max(\Delta s(t)) = A \cdot \sin\left(2\pi f \frac{\Delta t}{2}\right) - A \cdot \sin\left(2\pi f \frac{-\Delta t}{2}\right)$$

2.5 Einflüsse auf die Messunsicherheit

$$= 2A \cdot \sin(\pi f \Delta t). \tag{2.32}$$

Damit der durch den Gesamt-Jitter eingebrachte Amplitudenfehler vernachlässigbar ist, muss er deutlich kleiner sein als ein LSB. Ausgehend von einem n-Bit-Wandler mit $n \geq 10$ und einem Vollaussteuerungsbereich von $2 \cdot A$, ist ein LSB $\approx 2A/2^n$. Daraus folgt die Forderung

$$2A \cdot \sin(\pi f \Delta t) \ll \frac{2A}{2^n} \Rightarrow 2^n \sin\left(2\pi f \frac{\Delta t}{2}\right) \ll 1, \tag{2.33}$$

aus welcher sich der maximale Jitter zu

$$\Delta t \ll \frac{\arcsin\left(\frac{1}{2^n}\right)}{\pi f} \approx \frac{1}{\pi f 2^n} \tag{2.34}$$

abschätzen lässt. Für eine Signalfrequenz von 1 MHz und eine Wandler-Auflösung von 14 bit ergibt sich somit ein maximaler Gesamt-Jitter Δt von deutlich weniger als 19, 4 ps. Während normale Oszillatoren mit einem Jitter im Bereich von einigen Pikosekunden diese Anforderung gerade erfüllen, sind auch spezielle low-Jitter-Oszillatoren (wie z. B. die ABLJO-Serie von Abracon Corp.) mit Jittern von weniger als 0,1 ps kostengünstig erhältlich. Der typische Apparatur-Jitter von schnellen ADC mit Abtastraten oberhalb von einigen MSPS, liegt typischerweise deutlich unterhalb von einer Pikosekunde.

2.5.6 Der Einfluss von Einschwingvorgängen auf das Messergebnis

Der Einschwingvorgang eines Systems, wie z. B. eines $R - R \| C$-Gliedes, wie es bei der Modellierung der Bioimpedanz oder der ESI angenommen wird (siehe Kapitel 2.2), bezeichnet den Übergang vom Ruhezustand in die stationäre erzwungene Schwingung durch eine externe Anregung. Die Dauer des Einschwingvorgangs wird dabei durch die Zeitkonstante $\tau = R_S \cdot R_P/(R_S + R_P)$ bestimmt, welche für realistische Gewebeimpedanzen bei wenigen μs liegt. Während bei sinusförmiger Anregung diese Zeitkonstante vor Beginn der Messung abgewartet werden kann, besteht die Frage, inwieweit Einschwingvorgänge bei Chirp-Anregung aufgrund der sich stetig ändernden Frequenz zu Messabweichungen führen können. Abbildung 2.16 zeigt das Ergebnis einer Simulation eines $R - R\|C$-Gliedes mit FFT-basierter Demodulation (siehe Kapitel 2.3.5) für die erste und zweite Chirp-Periode einer kontinuierlichen Anregung mit dem Chirp-Signal aus Abbildung 2.7, durchgeführt in LTspiceIV[7].

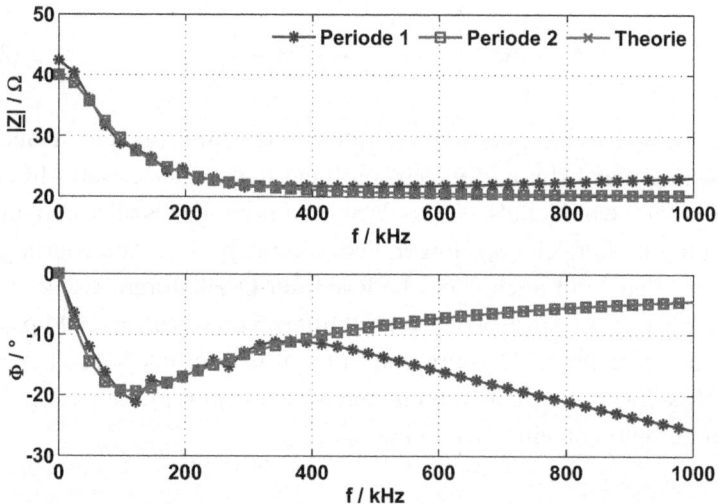

Abbildung 2.16: Einfluss des Einschwingvorgangs auf das Messergebnis des Impedanzspektrums bei Chirp-Anregung – durchgeführt an einem $R - R\|C$-Glied mit $R = 20\,\Omega$ und $C = 100\,nF$

---

[7] LTspiceIV ist ein freier SPICE-Simulator der Firma Linear Technology – siehe www.Linear.com/LTspice

Das Simulationsergebnis zeigt, dass die Frequenzänderung des benutzten Chirps langsam genug ist, damit Einschwingvorgänge nach der auch bei Sinus-Anregung üblichen Einschwingzeit vernachlässigt werden können. Die simulierte maximale relative Betragsabweichung bzw. absolute Phasenabweichung der zweiten Periode zur Theorie liegt für den Betrag im Bereich einiger ppm und für die Phase bei weniger als $0{,}003°$ im Frequenzbereich bis 1 MHz.

2.6 Regulatorische Anforderungen

Die maßgebliche regulatorische Grundlage für die Bioimpedanzmessung – angewendet an Patienten in der Heilkunde – bildet die DIN EN IEC 60601-1 (VDE 0750-1). Diese Norm legt wesentliche Leistungsmerkmale und Sicherheitsanforderungen von medizinischen elektrischen Geräten fest [95] und wird in der vorliegenden Arbeit auch für Messungen an Probanden angewendet. Für die Bioimpedanzmessung ist insbesondere der Patientenhilfsstrom von besonderer Bedeutung. Der Patientenhilfsstrom (Anregungsstrom) ist auf $100\,\mu A_{RMS}$, gemessen über einen Tiefpass mit einer Grenzfrequenz von 1 kHz, limitiert. Diese Messvorschrift erlaubt daher, einen höheren Strom bei höheren Frequenzen einzuspeisen, wobei die absolute Obergrenze auf $10\,mA_{RMS}$ festgelegt ist. Eine weitere wichtige Einschränkung ist, dass der Gleichanteil kleiner als $10\,\mu A$ sein muss, um Elektrophorese-Prozesse zwischen Elektrode und Haut zu vermeiden. Darüber hinaus fordert die Norm zusätzlich die elektrische Isolation von allen berührbaren bzw. an den Probanden angeschlossen Teilen des Messgeräts gegen alle anderen Teile des Messsystems bzw. gegen an das Messsystem angeschlossene Geräte.

Da keine analytische Lösung für die Berechnung des für die Norm relevanten Effektivwerts des verwendeten Chirp-Signals existiert, gibt es für die theoretische Ermittlung im Prinzip nur zwei äquivalente numerische Lösungen: Die Simulation einer Spannungsquelle mit Chirp-

Ausgangssignal, gefolgt von dem in der Norm beschriebenen Tiefpass-Filter im Zeitbereich, oder die Multiplikation des numerisch ermittelten Anregungsspektrums mit der Übertragungsfunktion des Tiefpass-Filters im Spektralbereich und anschließender Summierung über die Frequenzpunkte. Die Simulation im Zeitbereich (durchgeführt mit LTspiceIV) sowie die Simulation im Frequenzbereich (durchgeführt mit MATLAB) des um den Mittelwert bereinigten Chirp-Signals aus Abbildung 2.7 ergaben ein Verhältnis von Chirp-Amplitude zu Effektivwert (Scheitelfaktor) – nach dem Tiefpass – von $k_S \approx 130$. Dies führt zu einer theoretischen maximalen Chirp-Amplitude von $\max(I_{RMS}) \cdot k_S \approx 13\,\text{mA}$. Diese muss allerdings durch die in der Norm geforderte Limitierung der frequenzunabhängigen Maximalamplitude auf 10 mA begrenzt werden.

3 Elektroimpedanztomographie (EIT)

Dieses Kapitel beschreibt die Funktionalität der EIT vom physikalischen Modell über die Aufnahme, Auswertung und Bewertung des Messwerts hin bis zur Rekonstruktion der eigentlichen Leitwertverteilung. Dabei wird das physikalische Modell der EIT als Erweiterung des eindimensionalen Impedanz- bzw. Leitwertsbegriffs auf eine zwei- bzw. dreidimensionale Leitwertverteilung innerhalb eines Objekts mit infinitesimal kleinen Einzellimpedanzen dargestellt.

3.1 Physikalische Modellierung

Die erste physikalisch-mathematische Formulierung des EIT-Problems, bei dem die Ermittlung der Leitwertverteilung auf Basis von Messungen von Strom und Spannung auf dem Rand des Objektes erfolgt, geht auf die Arbeit von Calderón aus dem Jahre 1980 zurück [20]. Ausgehend von einem leitfähigem Objekt $\mathbf{B} \in \mathbb{R}^n$ mit dem inneren Stromfeld $\mathbf{j}$, der ortsabhängigen (ggf. komplexen) Leitfähigkeit σ und dem elektrischen Feld $\mathbf{E}$ im quasi-stationären Zustand (diese Annahme ist bei einem Objektdurchmesser von weniger als 1 m bis zu Anregungsfrequenzen von ca. 1 MHz gültig [109]), kann über das nach Kirchhoff erweiterte Ohmsche Gesetz

$$\mathbf{j} = \sigma \mathbf{E}, \qquad (3.1)$$

die Kontinuitätsgleichung

$$\operatorname{div} \mathbf{j} = 0 \qquad (3.2)$$

und die Abbildungsgleichung

$$\mathbf{E} = -\operatorname{grad} u \qquad (3.3)$$

die elliptische partielle Differenzialgleichung

$$\text{div}(\sigma \text{grad } u) = 0 \quad \text{in } \mathbf{B} \quad (3.4)$$

der EIT aufgestellt werden [16, 51, 109]. Dabei sagt Gleichung 3.2 aus, dass die Summe der Ströme, die in das Objekt hineinfließen, gleich der Summe der aus dem Objekt hinausfließenden Ströme ist (Quellenfreiheit im Inneren). Gleichung 3.3 bildet hingegen das skalare elektrische Feld unter Vernachlässigung des Einflusses der magnetischen Permeabilität als negativen Gradienten des elektrischen Potentials u ab (analog der Spannung als Potentialdifferenz zwischen zwei Punkten). Weiterhin wird davon ausgegangen, dass das Objekt $\mathbf{B}$ von einem Isolator umschlossen ist ($\sigma = 0$ für $\mathbb{R}^n \setminus \mathbf{B}$) [109].

Mathematisch gesehen führen die randständigen Stromeinspeisungen und Messungen der Spannungen anschließend zu den sogenannten Neumann-Randbedingungen bzw. den Dirichlet-Randwerten der partiellen Differenzialgleichung. Durch die Kombination kann anschließend die Strom-Spannungs-Abbildung (engl. Dirichlet to Neumann map), welche jeder Stromeinspeisung ein Potential zuordnet, errechnet werden [16, 51]. Da die analytische Lösung des Problems in der Praxis auf sehr einfache Geometrien beschränkt ist, wird dieses in der Regel numerisch mittels der Finite-Elemente-Methode (FEM) gelöst (siehe auch Kapitel 3.4.1 und 3.4.2 bzw. für eine weitergehende Diskussion [49, 109]).

3.2 Messstrategien

Wie bereits im vorherigen und im Kapitel 1.1 beschrieben, ist die EIT ein bildgebendes Verfahren, welches auf der mehrkanaligen Bioimpedanzmessung basiert. Ausgehend von der Annahme, das Messobjekt sei ein inhomogener Volumenleiter, werden verschiedene Transferimpedanz-Messungen durchgeführt, die anschließend für die Rekonstruktion der

3.2 Messstrategien

Leitwertverteilung verwendet werden [17,49,55]. Dabei wird als Transferimpedanz (analog zu Gleichung 2.1) der Quotient aus gemessener Spannung und eingespeistem Strom bezeichnet. Der Wert der Transferimpedanz ist in der Regel aufgrund der inhomogenen, räumlichen Ausdehnung des Messobjekts abhängig von der Positionierung der Einspeise- und Messorte. In diesem Kapitel werden gängige Messstrategien beschrieben, um geeignete Transferimpedanzmessungen durchzuführen.

3.2.1 Statische und Differenzbildgebung

Für die Wahl der Messwertaufnahmestrategie in der EIT muss zunächst unterschieden werden, welche Art von Leitwertverteilung anschließend rekonstruiert werden soll. Im Prinzip ist es möglich, die absolute Leitwertverteilung oder eine Änderung der Leitwertverteilung zu rekonstruieren. Während die Rekonstruktion der absoluten Leitwertverteilung sehr anfällig gegenüber Mess[8]- und Geometrieabweichungen[9] ist, werden diese durch die Differenzbildung stark abgemildert, was zu deutlich stabileren Rekonstruktionsergebnissen führt [49]. Aufgrund der großen Anfälligkeit hat sich die Absolut-EIT im medizinischen Umfeld bislang nicht durchsetzen können. In der Geophysik wird die Absolut-EIT hingegen mit Erfolg für die Analyse von Gesteinsformationen eingesetzt, wobei die Messzeiten deutlich länger sind und nicht mit schnellen Änderungen der Impedanz oder mit Bewegungen gerechnet werden muss [81].

Bei der Differenz-EIT kann zwischen der Zustandsdifferenz (oder Zeitdifferenz) und der Frequenzdifferenz unterschieden werden. Ein Beispiel für die Zustandsdifferenz-EIT ist die Rekonstruktion der Lungen-

---

[8] wie z. B. Übersprechen, Rauschen, Verstärkungsabweichungen oder Unterschiede der Messkanäle
[9] wie z. B. Verschiebung von Elektroden-Positionen oder fehlerhafte Maße des Testobjekts

ventilation, in der meist der mittlere Ruhepunkt der Atmung im Tidal-Volumen (oder der Mittelwert über eine gewisse Zeitspanne) als Referenz für die Differenzbildung genommen wird. Die Frequenzdifferenz-EIT nutzt hingegen die frequenzabhängigen Eigenschaften des Gewebes aus (siehe Kapitel 2.2) und wird z. B. für Tumorerkennung oder Schlaganfall- bzw. Aneurysma-Diagnosen evaluiert, da hier in der Regel kein Referenzdatensatz aus der Zeit vor der Erkrankung existiert [37,49].

3.2.2 Messprotokolle und die Anzahl der möglichen Transferimpedanzen

Für die Bestimmung der für die Rekonstruktion der Leitwertverteilung benötigten Transferimpedanzen sind mehrere Einspeise- und Messprotokolle (engl. measurement pattern bzw. engl. injection pattern) denkbar. Die Protokolle beschreiben dabei sowohl die Positionen von Einspeise- und Messpunkten (bei Bioimpedanzmessungen ist damit die Position der jeweiligen Elektroden gemeint) als auch, aus welchen Kombinationen Transferimpedanzen gebildet werden. Dabei ist die Anzahl der linear unabhängigen Transferimpedanzen von der Elektrodenanzahl und dem gewählten Messprotokoll abhängig. Zusätzlich bestimmt das gewählte Messprotokoll maßgeblich die Sensitivitätsverteilung im Objekt, welche beschreibt, wie stark sich die Randspannungen aufgrund von bestimmten Leitwertsveränderungen im Inneren verändern [10,14,17,18,49]. Ausgehend von der Einspeisung eines Konstantstroms wird die Sensitivitätsverteilung dabei maßgeblich durch die ortsabhängige Stromdichte im Objekt bestimmt, welche sich aus Leitwertverteilung und Einspeiseprotokoll ergibt.

Abbildung 3.1 zeigt die Prinzipien zweier verbreiteter Messprotokolle: die Einspeisung über gegenüberliegende Elektroden (engl. polar drive pattern) [124] und über benachbarte Elektroden (engl. adjacent current

3.2 Messstrategien

pattern) [10]. Die Spannungsmessung erfolgt in der Regel nach demselben Protokoll, wobei auf stromführenden Elektroden keine Spannungsmessung stattfindet (siehe Kapitel 2.2.2). Während die Stromeinspeisung über gegenüberliegende Elektroden offensichtlich zu einem größeren Stromfluss durch die Objektmitte und damit zu einer höheren Sensitivität in der Objektmitte führt, liefert die Einspeisung über benachbarte Elektroden mehr unabhängige Messungen und führt daher im Allgemeinen zu besseren Rekonstruktionsergebnissen [124].

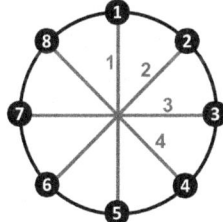
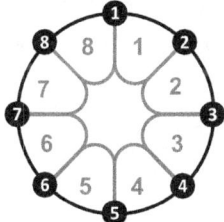

a) Einspeisung über gegenüberliegende Elektroden (engl. polar drive pattern)

b) Einspeisung über benachbarte Elektroden (engl. adjacent current pattern)

Abbildung 3.1: *Mögliche Messprotokolle am Beispiel von acht Elektroden (schwarz) mit den verschieden möglichen Einspeisungskombinationen (rot bzw. grün).*

Ausgehend von Abbildung 3.1 lässt sich die Anzahl der möglichen linear unabhängigen Messungen nach

$$M_{\text{kreuz}} = \frac{N_E}{4}(N_E - 3) \qquad (3.5)$$

$$M_{\text{benachbart}} = \frac{N_E}{2}(N_E - 3) \qquad (3.6)$$

berechnen. Die Anzahl der Elektroden (N_E) liegt bei den meisten Systemen zwischen 8 und 32 Elektroden [17, 49], wobei mehr Elektroden zu kleineren Messspannungen und ggf. zu Platzproblemen führen.

Abbildung 3.2 zeigt am Beispiel von 16 Elektroden die Aufnahme eines kompletten Rahmens von 104 linear unabhängigen Einzelmessungen mit Einspeisung und Messung auf unmittelbar benachbarten Elektroden.

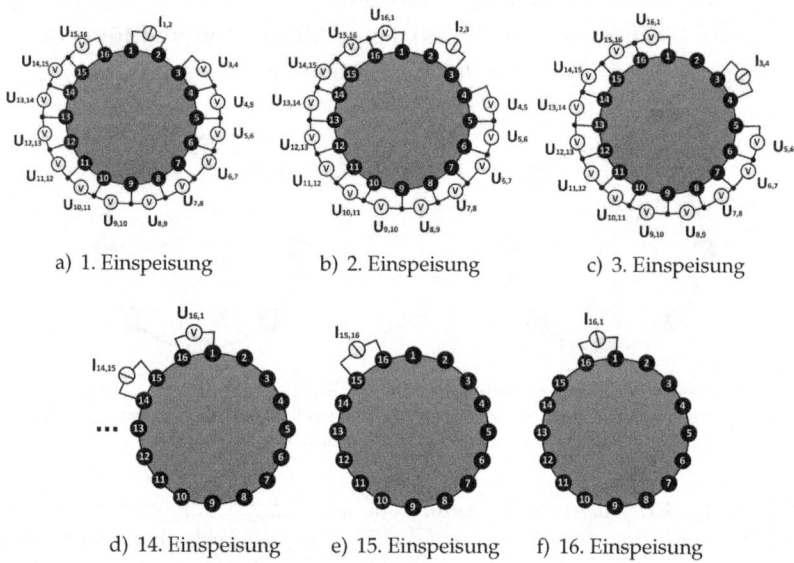

Abbildung 3.2: *Darstellung der Einspeisung und Messung über 16 unmittelbar benachbarte Elektroden (basierend auf [46]).*

Aufgrund der Annahme, dass die Transferimpedanz den gleichen Wert annimmt, wenn Stromeinspeisungs- und Spannungsmessungsort ausgetauscht werden, können aufgrund dieser Reziprozität nach der 14. Stromeinspeisung keine neuen linear unabhängigen Transferimpedanzen mehr gemessen werden. Diese Annahme ist gültig, solange sich das Messobjekt gemäß der Zweitortheorie wie ein lineares Netzwerk verhält. Dies wird bei konstanter Stromdichte und ausreichend schneller Messung eines Gesamtumlaufs im weiteren Verlauf dieser Arbeit angenommen. Obwohl die linear abhängigen, reziproken Messungen in der Theorie nicht nötig sind, werden sie in der Praxis meist dennoch gemessen, um z. B. fehlerhafte Elektroden zu erkennen oder eine Mittelwertbildung durchführen zu können. Während die meisten Systeme aus historischen Gründen mit der Einspeisung über unmittelbar benachbarte Elektroden[10] arbeiten, konnten Adler et al. zeigen, dass die Unterscheidbarkeit von Objekten in der Rekonstruktion deutlich zunimmt, wenn der Abstand zur Nachbarelektrode erhöht wird (als engl. adjacent skip bezeichnet) [2]. Neben der größeren Sensitivität in der Mitte des Testobjekts führt ein größerer Messabstand zudem zu größeren Messspannungen und damit zu einem besseren SNR und zu einem besseren Signal-Gleichtakt-Verhältnis.

3.3 Messwertaufnahme

Abbildung 3.3 zeigt das Blockschaltbild eines seriellen EIT-Systems. Das Testobjekt ist über Elektroden mit einem Multiplexer verbunden, welcher, abhängig vom verwendeten Messprotokoll, die Stromquelle und das Voltmeter an die verschiedenen Elektroden schaltet. Eine Messwerterfassungseinheit steuert neben dem Multiplexing auch die Stromstärke und nimmt die Spannungsmesswerte auf. Die Messwerte werden anschließend an die Rekonstruktions- und Darstellungseinheit übergeben.

Basierend auf dem in [28] beschriebenen Schema wird die folgende Terminologie für Messung, Messkanal, Rahmen und Aufnahme nach Abbildung 3.4 für EIT-Messungen verwendet. Eine Messung ist dabei die Erfassung einer einzelnen Transferimpedanz während einer bestimmten Multiplexerstellung (auch Messkanal genannt). Ein Rahmen (engl.

---

[10] Die ursprünglich von Barber und Brown entwickelte gefilterte Rückprojektion funktioniert nur mit der Einspeisung über unmittelbar benachbarte Elektroden [2].

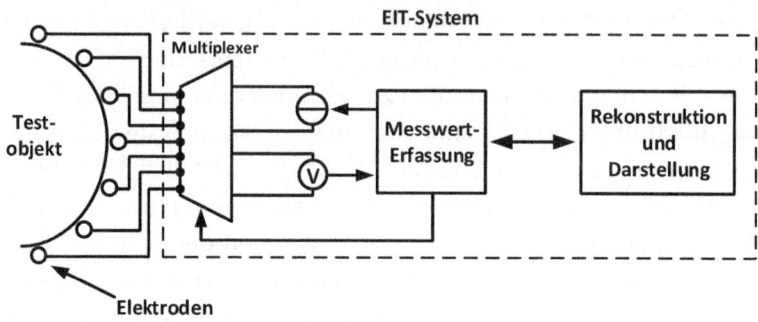

Abbildung 3.3: Blockschaltbild eines seriellen EIT-Systems

frame) ist ein Satz von Messungen, welcher nötig ist, um eine Leitwertverteilung zu rekonstruieren. Eine Aufnahme (engl. record) ist ein Satz von Rahmen über eine längere Zeitspanne.

3.3.1 Kategorisierung von EIT-Systemen

Für EIT-Systeme lassen sich verschiedene Kategorien finden, wobei ein bestimmtes System die Charakteristika mehrerer Kategorien erfüllen kann. So gibt es Einfrequenz- und Mehrfrequenz-Systeme, Systeme, welche nur einen Spannungsmesser besitzen (Seriellsysteme), Systeme mit mehreren Spannungsmessern (Parallelsysteme) sowie Systeme mit mehreren Stromquellen. Darüber hinaus gibt es Systeme, die Spannungsfolger zum Entkoppeln der Elektroden in unmittelbarer Nähe der Elektroden (meist als aktive Elektroden bezeichnet) einsetzen [17,49,55].

Unabhängig von der grundlegenden Architektur sind EIT-Systeme meist in einen dedizierten Messteil und einen Steuerungscomputer gegliedert. Während der Messteil die Messdaten aufnimmt und (vor-)verarbeitet, wird der PC mit seiner höheren Rechenkapazität für die Rekonstruktion und Darstellung verwendet. Seriellsysteme gehören zu den verbreitetsten Systemen. Sie sind aufgrund ihrer Funktion meist

3.3 Messwertaufnahme

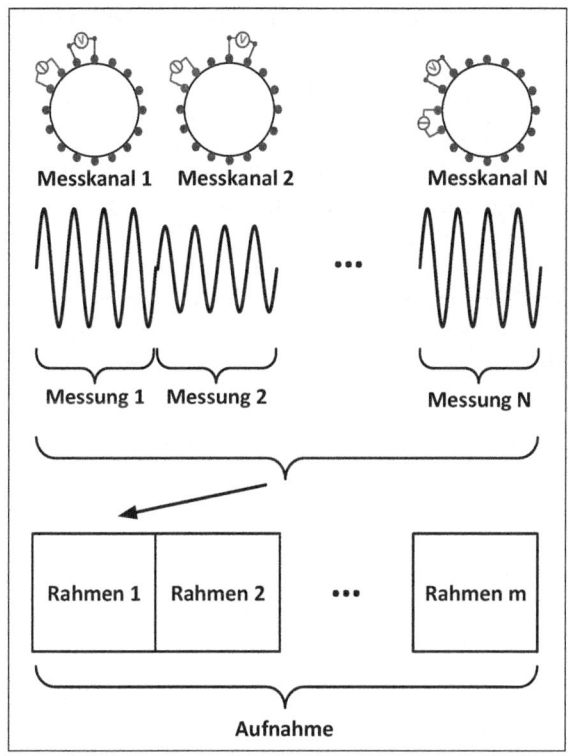

Abbildung 3.4: *Verwendete Terminologie für EIT-Messungen (basierend auf [28])*

zentralisiert in einem Gehäuse verbaut und benötigen dementsprechend längere Zuleitungen zum Messobjekt, welche mit unerwünschten, parasitären Eigenschaften belegt sind. Demgegenüber stehen die relativ geringen Hardwarekosten aufgrund des effizienten Aufbaus. Parallelsysteme können hingegen verteilt aufgebaut werden, um so die Zuleitungen kürzer zu gestalten. Aufgrund des parallelen Aufbaus sind diese jedoch deutlich komplexer und haben damit deutlich höhere Hardwarekosten [69, 104].

3.3.2 Vereinfachtes Ersatzschaltbild eines seriellen EIT-Systems

Abbildung 3.5 zeigt das vereinfachte Ersatzschaltbild von Stromeinspeisung und Spannungsmessung eines seriellen EIT-Systems in Einkanaldarstellung. Das Ersatzschaltbild kann als Erweiterung von Abbildung 2.10 um die benötigten Multiplexer verstanden werden.

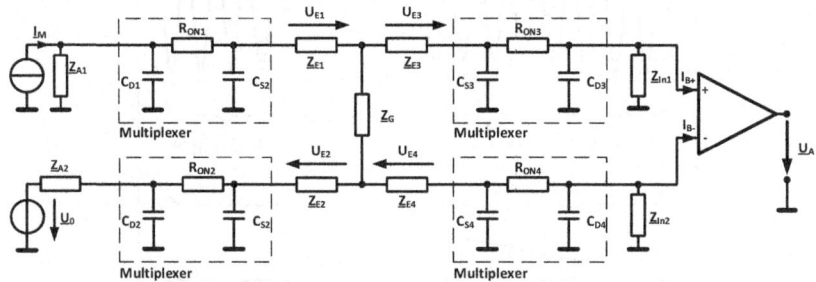

Abbildung 3.5: *Ersatzschaltbild des EIT-System in Einkanaldarstellung*

Die zu messende komplexe Transferimpedanz des Gewebes $\underline{Z}_G$ wird über die Elektroden $\underline{Z}_{E1}$ bis $\underline{Z}_{E4}$ mittels Vier-Elektroden-Verfahren (siehe Kapitel 2.2.2) über die jeweiligen Multiplexer mit der Anregungs- und Messhardware verbunden. Durch Messung der Spannung $\underline{U}_A$ und Kenntnis des Anregungsstroms $\underline{I}_M$ kann anschließend die komplexe Transferimpedanz bestimmt werden.

Die Multiplexer, die zur Verschaltung von Stromquelle bzw. Spannungsmesser mit den Elektroden benötigt werden, bringen zusätzliche unerwünschte Eigenschaften in die Messkette ein. Abbildung 3.6 zeigt das Schaltzeichen sowie das vereinfachte Ersatzschaltbild[11] eines durchgeschalteten Multiplexers. Der Widerstand (R_{ON}) modelliert den Durchlass-Widerstand[12], C_S die Kapazität der Eingänge und C_D die Kapazität des aktiven Ausgangs.

---
[11] Die Ladungseinstreuung ist nicht modelliert.
[12] Der Sperrwiderstand wird analog als R_{Off} modelliert.

3.3 Messwertaufnahme

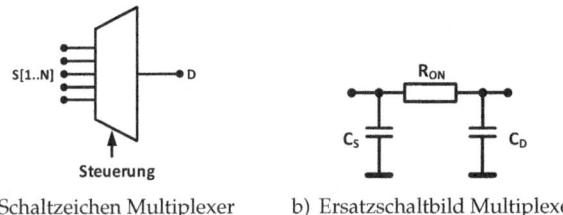

a) Schaltzeichen Multiplexer   b) Ersatzschaltbild Multiplexer

Abbildung 3.6: *Schaltzeichen und Ersatzschaltbild eines Multiplexers*

Typische Analog-Multiplexer sind bidirektional und können mit Halbleiterschaltern oder mit Relais aufgebaut werden. Während Relais deutlich geringere Kapazitäten und wesentlich kleinere Durchgangswiderstände haben, sind die Schaltzeiten mit ca. 0,1 ms deutlich höher als die der Halbleitermultiplexer [118]. Die Schaltzeiten von Halbleiterschaltern liegen in der Regel deutlich unter 1 μs.

Die Stromquelle aus Abbildung 3.5 ist als symmetrische Stromquelle, wie in Kapitel 2.4.5 beschrieben, dargestellt. Für $U_0 = 0\,\text{V}$ geht die gezeigte Schaltung von der symmetrischen Anregung über zur Systemmasse bezogenen Anregung. Die Multiplexer an den verschiedenen Elektroden (Z_{E1} bis Z_{E4}) führen sowohl zur Erhöhung der Ausgangkapazität der Stromquelle als auch zur Erhöhung des kapazitiven Eingangswiderstands des Differenzverstärkers. Das Verhalten ist daher analog zu der in Kapitel 4.7.1 gezeigten Charakteristik.

3.3.3 Benötigte Messzeit

Die Leitwertverteilung des menschlichen Körpers ist zeitabhängig (siehe Kapitel 2.1). Dies ist hauptsächlich durch Kreislaufaktivität, Atmung und Metabolismusaktivät begründet. Für Messungen ohne Bewegungsartefakte muss daher die Datenaufnahme ausreichend schnell erfolgen. Geht man von einer Herzrate von 180 Schlägen pro Minute als schnellstem Ereignis aus, ergibt sich – unter Berücksichtigung des Abtasttheorems – eine benötigte Bildwiederholungsrate von mindestens 6 Frames per Second (FPS), was einer maximalen Messzeit von ca. 166 ms entspricht[13].

Ausgehend von einem seriellen EIT-System, setzt sich die benötigte Messzeit eines Rahmens T_{Frame} bei N Einzelmessungen aus der Summe der jeweiligen Messzeit T_{Messung}, der benötigten Umschaltzeit der Multiplexers $T_{\text{Multiplex}}$ sowie der benötigten Einschwingzeit von Stromquelle, Filtern und Testobjekt nach dem Multiplexen $T_{\text{Einschwing}}$ zusammen.

$$T_{\text{Frame}} = \sum_{n=0}^{N-1} T_{\text{Messung}}(n) + T_{\text{Multiplex}}(n) + T_{\text{Einschwing}}(n) \qquad (3.7)$$

T_{Messung} wird dabei von der Periodendauer der kleinsten zu messenden Frequenz nach unten begrenzt und beträgt bei einer Startfrequenz von 10 kHz mindestens $T_{\text{Messung}} = 1/10\,\text{kHz} = 100\,\mu\text{s}$. Die Zeitspanne für das Multiplexing ist hingegen abhängig davon, wie viele Multiplexer umgeschaltet werden müssen. Die benötigte Einschwingzeit wird neben den Filter- und Stromquellenzeitkonstanten vor allem durch die Höhe der jeweiligen Spannungsunterschiede und der jeweiligen Phasenlagen beim Umschalten bestimmt. Geht man von 16 Elektroden bei Anregung über benachbarte Elektroden mit Auswertung der reziproken Messwerte aus, müssen nach Gleichung (3.6) 208 Messungen durchgeführt werden. Dies bedeutet, für eine Messung stehen im Schnitt weniger als $166\,\text{ms}/208 \approx 801\,\mu\text{s}$ inklusive der abzuwartenden Einschwing- und Multiplex-Zeit zur Verfügung. Ausgehend von Einschwingzeiten im Bereich einiger $10\,\mu\text{s}$ und Relais-Schaltzeiten im ms-Bereich sind diese somit – zumindest für Seriellsysteme – ungeeignet für den Einsatz im benötigten Multiplexer.

---

[13] Um schnellere Effekte, wie z. B. Blutverwirbelungen, messen zu können, sind noch höherer Bildwiederholungsraten notwendig.

3.3 Messwertaufnahme

Eine Reduktion der benötigten Messzeit T_{Frame} um den Faktor zwei (und der damit verbundenen Erhöhung der Bildwiederholungsrate $1/T_{\text{Frame}}$) kann durch den Verzicht auf die reziproken Messkanäle erreicht werden. Darüber hinaus kann auch durch den Einsatz von Parallelsystemen (siehe Kapitel 3.3.1), wo mehrere Randspannungen gleichzeitig aufgenommen werden, die Messzeit weiter reduziert werden.

3.3.4 Leistungsbewertung

Für die Leistungsbewertung von EIT-Messungen gibt es in Anlehnung an die Definitionen der DIN 1319-1 [94] eine Reihe denkbarer Metriken. So sind neben der Geschwindigkeit der Messung, den möglichen Messbereichen und der Auflösung vor allem die Messunsicherheit und die Wiederholbarkeit der Transferimpedanzmessungen wichtig. Für die Überprüfung der Messgüte der Transferimpedanzmessungen sowie für die Evaluation von Rekonstruktionsalgorithmen werden Messphantome verwendet. Generell können zwei Arten von Messphantomen unterschieden werden: elektrische Phantome und Tankphantome. Elektrische Phantome werden in der Regel aus diskreten passiven Bauelementen mit kleinen Toleranzen aufgebaut, wodurch das elektrische Verhalten analytisch oder durch Simulation genau bestimmt werden kann. So sind elektrische Phantome sehr gut geeignet, um die Messunsicherheit und Wiederholbarkeit der Transferimpedanzmessung zu beurteilen [2, 29, 41, 123].

Durch den relativ starren Aufbau von elektrischen Phantomen ist eine Änderung der Leitwertverteilung nur sehr eingeschränkt (z. B. durch Schalter) realisierbar. Deutlich flexibler gestaltbar sind hierfür Tankphantome. Tankphantome sind generell mit einem leitfähigen Medium (meist einer Flüssigkeit) gefüllt und haben eine bekannte Geometrie [41, 123]. Die Füllung selbst kann sowohl homogen sein als auch eine komplexe Suspension beinhalten, um die elektrischen Eigenschaften des Körpers besser abzubilden. Zusätzlich können an bestimmten Stellen bekannte Inhomogenitäten eingebracht werden. Durch diese Eigenschaften eignen sich Tankphantome sehr gut für die Überprüfung von Sensitivität (Fähigkeit des Erkennens von Leitwertsunterschieden) und Auflösung von Rekonstruktionsalgorithmen. Da die genaue Leitfähigkeitsverteilung bei Tankphantomen in der Regel nur bei homogenen Füllungen oder sehr einfachen Inhomogenitäten in der Füllungen bekannt und konstant ist, bieten sich zusätzlich Bewertungskriterien an, welche ohne bekannte Referenz auskommen. So können trotz fehlenden Wissens über die genaue Zusammensetzung der Füllung Aussagen über die Messungsgüte getroffen werden. Solche Maße sind z. B. der Kanal-SNR als direktes Maß der Wiederholgenauigkeit oder die Reziprozitätsgenauigkeit (engl. Reciprocity Accuracy (RA)), welche durch Ausnutzung der Reziprozität der Transferimpedanzmessungen (siehe Kapitel 3.2.2) neben der Wiederholbarkeit zusätzlich die Linearität des Messobjekts bzw. des Messsystems überprüft. Die Reziprozitätsgenauigkeit des i-ten Kanals ist dabei durch

$$RA_i = \left(1 - \frac{|\overline{z}_i - \overline{z}_{r(i)}|}{|\overline{z}_i|}\right) \cdot 100\,\% \qquad (3.8)$$

gegeben, wobei $\overline{z}_i$ dem Mittelwert der wiederholten Messung des i-ten Kanals entspricht und $r(i)$ der zum i-ten Messkanal reziproke Kanal ist. Ein Wert von 100 % entspricht somit der höchstmöglichen Genauigkeit. Eine hohe RA lässt auf ein lineares Messobjekt sowie auf ein Messsystem mit kleinen Messkanalunterschieden schließen. Für große Abweichungen sind hingegen auch negative Werte möglich [123]. Obwohl durch die Betragsbildung die Richtung der Messabweichung verloren geht, wird auf Grund der Vergleichbarkeit mit der Literatur im Weiteren die in [123] vorgeschlagene Formulierung verwendet.

Der Kanal-SNR des i-ten Kanals ist gegeben durch Gleichung (3.9) als Quotient aus Mittelwert und Standardabweichung der wiederholten Messung des i-ten Kanals, d. h.

$$SNR_i = \frac{\overline{z}_i}{\text{std}(z_i)}. \tag{3.9}$$

Obwohl in der Literatur von Kanal-SNR gesprochen wird, legt Gleichung (3.8) nahe, dass sowohl Rauschen als auch Verzerrungen zu einem Absinken des Kanal-SNR führen können und daher Kanal-SINAD die bessere Bezeichnung wäre. Abbildung 3.7 zeigt einen typischen Verlauf von RA und SNR über einen Rahmen mit 208 Messungen, gemessen an einem zylinderförmigen Tankphantom mit 16 Elektroden mit Einspeisung und Messung über unmittelbar benachbarte Elektroden[14]. Die Abbildung zeigt ein zyklisches Absinken der RA und des Kanal-SNR, welches durch das verwendete Messprotokoll begründet ist. Durch die Stromeinspeisung und Messung über unmittelbar benachbarte Elektroden liegt die maximal gemessene Spannungsamplitude immer neben den stromführenden Elektroden. Entfernt sich die Spannungsmessung von den stromführenden Elektroden, nimmt die Spannung ab und erreicht ihr Minimum bei der Messung an den der Stromeinspeisung gegenüberliegenden Elektroden. Anschließend nimmt die Spannung wieder zu. Abbildung 3.8 zeigt diesen typischen U-förmigen Verlauf (engl. U-Shapes) der Spannungsamplitude über die 208 Messungen mit 16 Maxima, welche durch die 16 verschiedenen Stromeinspeisungen begründet sind.

3.4 Rekonstruktion der Leitwertverteilung

Nach der Aufnahme der Transferimpedanzen findet die Rekonstruktion der Leitwertverteilung statt. Das Problem der Rekonstruktion wird

---

[14] Die Messungen wurden mit dem entwickelten EIT-System aus Kapitel 5 durchgeführt.

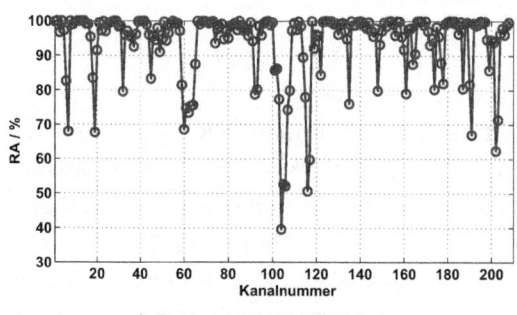

a) Reziprozitätsgenauigkeit

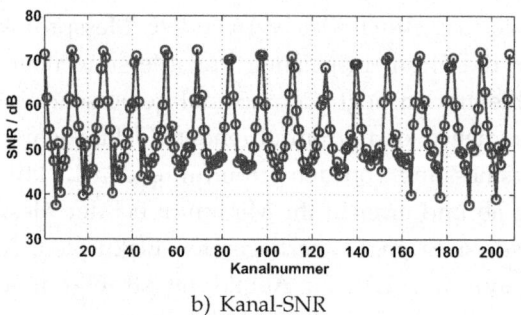

b) Kanal-SNR

Abbildung 3.7: *Typische Reziprozitätsgenauigkeit (RA) und typischer Kanal-SNR über einen Rahmen mit 208 Messungen, gemessen an einem zylinderförmigen Tankphantom über unmittelbar benachbarte Elektroden.*

3.4 Rekonstruktion der Leitwertverteilung

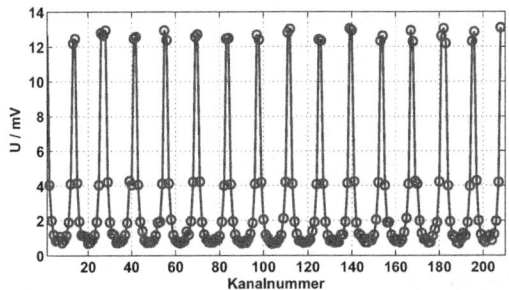

Abbildung 3.8: *Typischer U-förmiger Verlauf der Spannungsamplitude über die 208 Messkanäle. Dabei stellt das zyklische Absinken der Spannungsamplituden die Ursache des zyklischen Absinkens des Kanal-SNR dar.*

dabei üblicherweise mit Bezug auf die Richtung der Kausalitätskette in zwei Teile zerlegt: in das Vorwärtsproblem und in das inverse Problem. Während man beim Vorwärtsproblem die Randspannungen aufgrund der bekannten Leitwertverteilung, Geometrie (Objekt) und Stromeinspeisung berechnet, versucht man beim inversen Problem, die Leitwertverteilung auf Basis von Gemometrie, Stromeinspeisung und der gemessen Spannungen zu rekonstruieren. Abbildung 3.9 veranschaulicht diesen Zusammenhang.

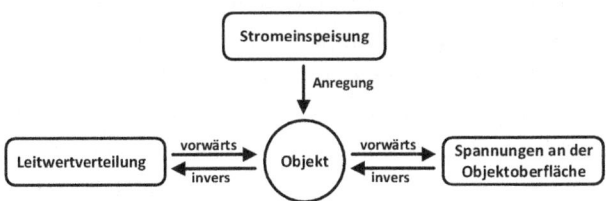

Abbildung 3.9: *Illustration des Vorwärts- und des inversen Problems der Elektroimpedanztomographie*

Die Lösung des inversen Problems und die damit verbundene Rekonstruktion der Leitwertverteilung ist dabei aufgrund der wenigen Messungen und der vorhandenen Messunsicherheiten nicht eindeutig. Darüber hinaus führen Gebiete mit einer geringen Stromdichte (Sensitivität) zu einer schlechten Konditionierung des Problems, da hier selbst große Änderungen der Leitfähigkeit nur zu sehr kleinen Spannungsänderungen führen können. In den folgenden Kapiteln wird das Vorwärts- und inverse Problem näher beschrieben.

3.4.1 Vorwärtsproblem

Als Vorwärtsproblem wird die Modellierung des Messproblems entlang der Kausalitätskette bezeichnet. In der EIT bedeutet dies, ein Strom wird in ein Objekt mit bekannter Geometrie und Leitwertverteilung an definierten Stellen eingespeist, und auf dieser Basis können die entstehenden Spannungen an der Objektoberfläche berechnet werden (siehe auch Kapitel 3.1). Im Gegensatz zur Röntgenstrahlbildgebung, wo der Großteil der Strahlung in der Regel gerade durch das Objekt geht, hängt der Weg des Stromes bei der EIT vom Objekt selbst und dessen räumlicher Leitwertverteilung ab [15,18,40,99]. Da die Durchführbarkeit einer analytischen Berechnung des Vorwärtsproblems in der Regel auf sehr einfache Geometrien beschränkt ist, wird das Vorwärtsproblem im Allgemeinen numerisch mittels der FEM gelöst, indem die kontinuierliche Leitwertverteilung mit einer endlichen Anzahl von diskreten Elementen (Tetraedern) approximiert wird [49]. Abbildung 3.10 zeigt ein mit NETGEN[15] erzeugtes FEM-Modell eines zylinderförmigen Tankphantoms mit 16 Elektroden, bestehend aus 14.999 Leitwertelementen. Zur Erhöhung der Rechengenauigkeit des FEM-Modells sind die Elementgrößen in Bereichen, in denen eine hohe Stromdichte erwartet wird (im Wesentlichen um die Elektroden herum), deutlich kleiner als in Gebieten, in denen keine hohe Stromdichte erwartet wird (z. B. am Boden des Objekts).

---

[15] NETGEN ist ein skriptbasierter automatischer Open-Source Mesh-Generator – siehe http://sourceforge.net/projects/netgen-mesher/

3.4 Rekonstruktion der Leitwertverteilung

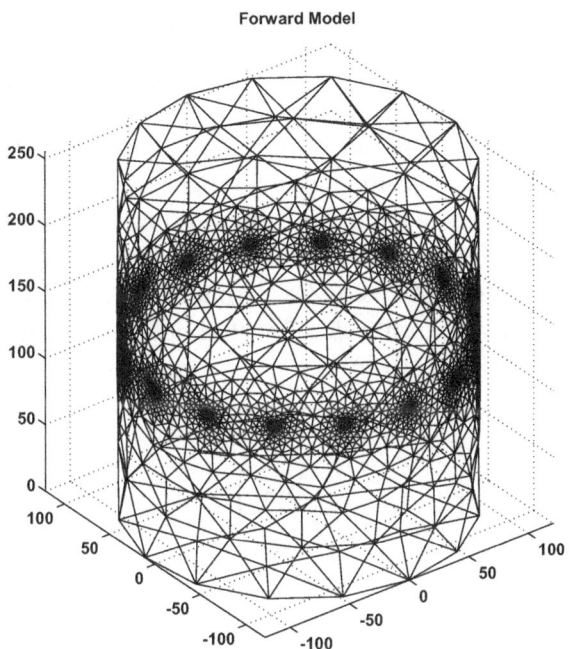

***Abbildung 3.10:** FEM-Modell eines zylinderförmigen Tankphantoms mit 16 Elektroden, bestehend aus 14.999 Elementen mit Verfeinerung um die Elektroden herum zur Erhöhung der Rechengenauigkeit (zur besseren Darstellung sind nur die Elemente auf dem Objektrand sichtbar).*

Basierend auf dem FEM-Modell und unter der Annahme, dass sich die Leitwertverteilung nur geringfügig ändert, kann das Vorwärtsproblem als lineares Gleichungssystem approximiert werden. Ausgehend von der Differenzbildgebung (siehe Kapitel 3.2.1) ergibt sich die mathematische Formulierung des Vorwärtsproblems (siehe Abbildung 3.9) zu

$$J \Delta \vec{\sigma} = \Delta \vec{v} \tag{3.10}$$

mit der Sensitivitätsmatrix **J**, der Änderung der diskreten Leitwärtsverteilung der finiten Elemente $\Delta\vec{\sigma}$ und den gemessenen Spannungsdifferenzen $\Delta\vec{v}$.

Die Sensitivitätsmatrix, die in diesem Fall eine Jacobimatrix ist, beschreibt die erwarteten Spannungsänderungen auf Basis der jeweiligen Leitwertsänderungen (analog zur Fehlerfortpflanzungsrechnung auf Basis des totalen Differenzials). Die Matrix ist im Allgemeinen komplex und hat eine Größe von $Z \times N$ mit Z als Anzahl der finiten Elemente und N als Anzahl der Transferimpedanzmessungen (siehe Gleichungen (3.11) und (3.12)).

$$\mathbf{J} = \begin{pmatrix} \dfrac{\Delta v_1}{\Delta \sigma_1} & \cdots & \dfrac{\Delta v_N}{\Delta \sigma_1} \\ \cdots & & \cdots \\ \dfrac{\Delta v_1}{\Delta \sigma_Z} & \cdots & \dfrac{\Delta v_N}{\Delta \sigma_Z} \end{pmatrix} \quad \text{mit } J \in \mathbb{C}^{Z \times N} \qquad (3.11)$$

$$\Delta\vec{v} = \begin{bmatrix} v_{1,1} - v_{1,2} \\ \cdots \\ v_{N,1} - v_{N,2} \end{bmatrix}, \quad \Delta\vec{\sigma} = \begin{bmatrix} \sigma_{1,1} - \sigma_{1,2} \\ \cdots \\ \sigma_{Z,1} - \sigma_{Z,2} \end{bmatrix} \qquad (3.12)$$

3.4.2 Inverses Problem

Bei inversen Problemen soll in der Regel von Messungen auf Modell-Parameter geschlossen werden [115]. Geht man davon aus, dass das Auffinden der Modell-Parameter durch wiederholtes Lösen des Vorwärtsproblems mit sinnvoll gewählten Modell-Parametern möglich ist, kann das prinzipielle Lösungsschema zur Lösung eines inversen Problems nach Abbildung 3.11 als Regelkreis darstellt werden.

Dabei wird die Führungsgröße des Regelkreises durch eine Stimulation der Realität und anschließender Messung der Antwort erzeugt.

3.4 Rekonstruktion der Leitwertverteilung

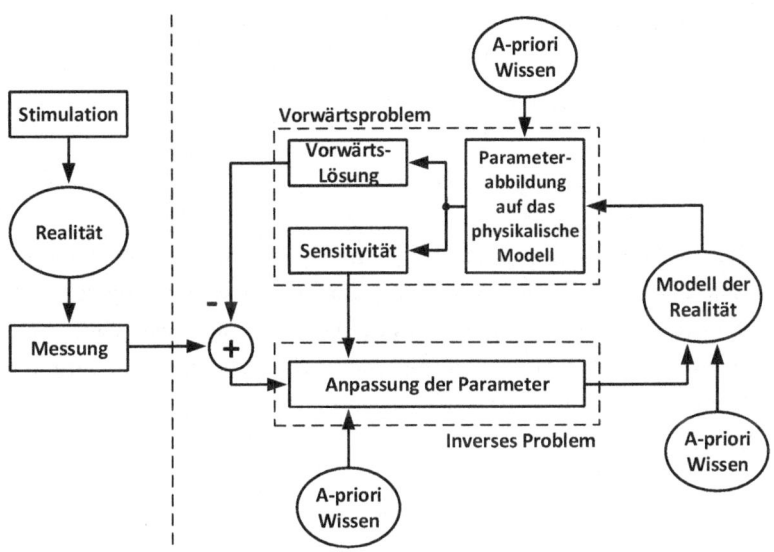

Abbildung 3.11: *Ansatzschema für die Lösung eines inversen Problems (basierend auf [4])*

Die Parameter (Stellgrößen) des Modells der Realität (Regelstrecke) werden nachfolgend für die Lösung des Vorwärtsproblems (Messwandler und Rückführung) verwendet. Mit der errechneten Lösung des Vorwärtsproblems wird anschließend eine Verbesserung der Parameterschätzung (Regler) des inversen Problems vorgenommen. Durch A-priori-Wissen über das System und die abgeleitete Sensitivität des Vorwärtsmodells können zudem die verschiedene Modellparameter angepasst bzw. eingeschränkt werden (Regularisierung). Der Regelkreis wird anschließend so lange durchlaufen, bis die Abweichung zwischen Führungsgröße und Lösung des Vorwärtsproblems klein ist. Eine vollständige Übereinstimmung von Lösung des Vorwärtsproblems und Messung ist dabei in der Regel nicht zu erwarten, da zum einen die Messung mit Messunsicherheiten behaftet ist und zum anderen das Vorwärtsproblem nur eine Approximation der Realität darstellt.

Die Grundidee der Rekonstruktion basiert auf der Lösung des linearen Gleichungssystems nach Gleichung (3.10) bzw.

$$\Delta \vec{v}_m = \mathbf{J}\Delta\vec{\sigma} + \vec{n} \qquad (3.13)$$

welche die gemessenen Spannungsänderungen an der Objektoberfläche $\Delta \vec{v}_m$ als Ergebnis der Änderung der Leitwertverteilung $\Delta\vec{\sigma}$ sowie etwaigen Messabweichungen $\vec{n}$ modelliert. Da die Sensitivitätsmatrix nach Gleichung (3.11) nicht regulär ist, besitzt diese keine generelle Inverse. Für die Lösung wird daher, ausgehend von

$$\Delta\vec{\sigma}_+ = \mathbf{R}\Delta\vec{v}_m \, , \qquad (3.14)$$

eine Rekonstruktionsmatrix $\mathbf{R}$ gesucht, welche die Pseudoinverse der Sensitivitätsmatrix repräsentiert. Durch die vorhandenen Messabweichungen kann die Rekonstruktionsmatrix im Allgemeinen allerdings nur geschätzt werden. Für die Schätzung der Rekonstruktionsmatrix stehen – neben der abgeschnittenen Singularitätswertzerlegung (engl. Truncated Singular Value Decomposition (TSVD)) und dem Graz consensus Reconstruction Algorithm for EIT (GREIT)-Algorithmus[16] – vor allem Gauß-Newton-Algorithmen zur Verfügung, welche die Rekonstruktionsmatrizen in der Form

$$\mathbf{R} = \left(\mathbf{J}^T\mathbf{J} + \alpha\mathbf{P}\right)^{-1}\mathbf{J}^T \qquad (3.15)$$

definieren [40]. Dabei ist $\mathbf{P}$ die Regularisierungsmatrix und α der Regularisierungsparameter, welche benutzt werden, um die Rekonstruktion

---
[16] GREIT schätzt die Rekonstruktionsmatrix auf Basis verschiedener Vorwärtslösungen (für weitere Informationen siehe [1]).

3.4 Rekonstruktion der Leitwertverteilung

zu stabilisieren. Für die Bestimmung der Regularisierungsmatrix existieren verschiedene Ansätze. Im einfachsten Fall entspricht die Regularisierungsmatrix der Einheitsmatrix, wodurch der gesamte Bildbereich gleichmäßig gewichtet wird, ohne dass bestimmte Bereiche stärker regularisiert werden als andere. Die Bestimmung des Regularisierungsparameters α erfolgt meist experimentell über die L-Kurve. Die L-Kurve stellt dabei doppelt-logarithmisch die Norm der Residuen ($\|J\Delta\vec{\sigma}_+ - \Delta\vec{v}_m\|$) über die Norm der Lösung ($\|\Delta\vec{\sigma}_+\|$) graphisch dar. Für kleine α dominieren Mess- und Rundungsfehler die Lösung, für große α dominiert hingegen die Regularisierung [43]. In der Praxis führt dieses Verhalten zu vielen, rechnerisch aufwendigen Versuchen, das optimale α als Kompromiss zwischen Regularisierung und Lösungsgenauigkeit zu finden. Eine effiziente Alternative für die EIT, die auch in GREIT implementiert ist, ist die Bestimmung von α über den Rauschlevel. Die Idee dabei ist, α so zu wählen, dass das Rauschen in den Messdaten genauso groß ist wie das Rauschen in den rekonstruierten Daten [1,36].

In der Praxis zeigen klinische EIT-Bilder eine schlechte räumliche Auflösung. Dies ist durch die schlechte Konditionierung der Rekonstruktion, gekoppelt mit Messunsicherheiten und Bewegungsartefakten, begründet. Das EIT-Rekonstruktionsproblem ist nach Hadamard schlecht gestellt (engl. ill-posed), was eine Regularisierung notwendig macht, um die Rekonstruktion zu stabilisieren [3,8,34,49]. Die Herausforderungen der Lösung des inversen EIT-Problems sind vor allem in dieser Instabilität – und der damit verbundenen Schwierigkeit, einen numerisch stabilen Algorithmus zu finden – begründet [16,49]. Einer der bekanntesten, einfachsten und ältesten 2D-Rekonstruktionsalgorithmen für die EIT ist die gefilterte Rückprojektion (engl. Sheffield Filtered-Back-Projection) [49]. Die grundlegenden Annahmen bzw. Einschränkungen sind: (1) die Messung und Anregung erfolgt über unmittelbar benachbarte Elektroden, (2) das Objekt ist kreisförmig und zweidimensional, (3) die Elektroden sind äquidistant angeordnet, (4) die initiale Leitwertverteilung ist gleich verteilt, (5) die Änderungen der Leitwertverteilung sind klein [8]. Obwohl in [40] gezeigt werden konnte, dass auch starke Abweichungen der Geometrie noch zu brauchbaren Differenzbildern führen, sollten reale Objekte als dreidimensional modelliert und auch als solche rekonstruiert werden [49]. Für diesen Zweck wird in dieser Arbeit mit der Electrical Impedance Tomography and Diffuse Optical Tomography Reconstruction Software (EIDORS) auf ein in der EIT-Forschung bekanntes und anerkanntes Framework für die Rekonstruktion der Leitwertverteilung zurückgegriffen. EIDORS ist eine freie und quelloffene Software[17], welche auf der Dissertation von Nicolas Polydorides basiert und in MATLAB implementiert ist [99, 100]. EIDORS kann in Verbindung mit NETGEN ein FEM-Modell der Geometrie erzeugen und stellt verschiedene Rekonstruktionsalgorithmen bereit [3, 108]. Darüber hinaus stellt EIDORS verschiedene Schnittstellen zu existierenden Datenformaten zur Verfügung und liefert mit dem GREIT einen akzeptierten Rekonstruktionsalgorithmus [1].

---

[17] siehe http://eidors3d.sourceforge.net/

4 Bioimpedanzmesssystem (BMS)

Wie in Kapitel 1.3 dargelegt, erfolgt nach der Beschreibung der Grundlagen der Bioimpedanzmessung und der EIT nun in diesem Kapitel die Beschreibung von Entwicklung, Aufbau, Test und Verifikation des Bioimpedanzmesssystems (BMS). Dabei wird ausgehend von der Anforderungsanalyse die grundlegende Systemarchitektur erarbeitet, welche anschließend mit einer Beschreibung der einzelnen Systemblöcke vertieft wird. Zum Test und zur Verifikation des BMS werden verschiedene Messungen an Widerstands- und Gewebephantomen durchgeführt, welche durch einige Messungen an Probanden vervollständigt werden. Die Entwicklung des BMS soll als Vorbereitung für die Entwicklung eines EIT-Systems dienen. Dabei kann das BMS als Einkanal-EIT-System ohne Multiplexer verstanden werden. Ziel des Entwicklungsprozesses ist es daher, mit dem BMS im Vorfeld der Entwicklung des EIT-Systems Bioimpedanz-Messverfahren zu sammeln und Hard- und Software-Komponenten und Konzepte zu testen. Darüber hinaus soll das BMS verwendet werden, um wichtige Designparameter für das EIT-System zu ermitteln. Solche Designparameter sind beispielsweise die zu erwartenden spektroskopischen Werte für die Elektode-Hautimpedanzen (engl. ESI) und Gewebeimpedanzen sowie der reale Einfluss der Gleichtaktspannungen auf die Messung.

4.1 Anforderungsanalyse

Für die Entwicklung des BMS werden nachfolgend Abschätzung für die Auslegung von Spannungsmessung und Stromeinspeisung getroffen, welche später verfeinert werden, um den Einsatz als Evaluationsplattform zu gewährleisten.

Damit Messungen an Probanden durchgeführt werden können, muss das BMS prinzipiell der IEC60601-1 genügen (siehe Kapitel 2.6). Der

Impedanzmessbereich wird zunächst mit $10\,\Omega$ bis $10\,\text{k}\Omega$ in einem minimalen Frequenzbereich von $10\,\text{kHz}$ bis $250\,\text{kHz}$ festgelegt (siehe Kapitel 2.2). Darüber hinaus sollen Messungen im Zwei- und Vier-Elektroden-Verfahren möglich sein. Ausgehend von Lastimpedanzen der Stromquelle $(2 \cdot |\underline{Z}_{\text{ESI}}| + |\underline{Z}_{\text{Gewebe}}|)$ von ca. $10\,\text{k}\Omega$ bei $10\,\text{kHz}$ und ca. $100\,\Omega$ bei $250\,\text{kHz}$ sowie einem Anregungsstrom von $1\,\text{mA}$ bei $10\,\text{kHz}$ und einem maximal erlaubten Strom von $10\,\text{mA}$ bei $250\,\text{kHz}$, kann der benötige Compliance-Bereich der Stromquelle und der Eingangsspannungsbereich der Spannungsmessung mit

$$\hat{u}_{\text{Stromquelle}} = \sqrt{2} \cdot (2 \cdot |\underline{Z}_{\text{ESI}}| + |\underline{Z}_{\text{Gewebe}}|) \cdot I_{\text{mess}} \qquad (4.1)$$

$$\hat{u}_{\text{Spannungsmessung}} = \sqrt{2} \cdot (|\underline{Z}_{\text{Gewebe}}|) \cdot I_{\text{mess}} \qquad (4.2)$$

abgeschätzt werden.

Ausgehend von einer Gewebeimpedanz von $400\,\Omega$ bei $10\,\text{kHz}$ und $250\,\Omega$ bei $250\,\text{kHz}$, ergeben diese Abschätzungen ca. $1{,}4\,\text{V}$ bis $14{,}1\,\text{V}$ für den Compliance-Bereich der Stromquelle und ca. $0{,}6\,\text{V}$ bis $3{,}5\,\text{V}$ für die Spannungsmessung. Basierend auf diesen Werten und einer erwarteten Stromquelleneffizienz η von $50\,\%$ und einer maximalen Stromquellen-Compliance $U_{\text{Compliance(max)}}$, ergibt sich nach

$$\eta = \frac{U_{\text{B}}}{U_{\text{Compliance(max)}}} \qquad (4.3)$$

eine benötigte Betriebsspannung U_{B} von ca. $\pm 30\,\text{V}$.

Um bei der Bauteilauswahl möglichst flexibel sein zu können und da eine Betriebsspannung von $\pm 30\,\text{V}$ unverhältnismäßig hoch erscheint, wird als Kompromiss eine Betriebsspannung von $\pm 5\,\text{V}$ gewählt. Um dennoch einen möglichst großen Impedanz-Messbereich von mindestens $75\,\Omega$ bis $1\,\text{k}\Omega$ abdecken zu können, soll die Stromamplitude in

4.2 Grundlegende Systemarchitektur

einem Bereich von ca. 100 µA bis 5 mA einstellbar sein. Darüber hinaus wird eine möglichst hohe Auflösung und Wiederholgenauigkeit angestrebt, um verschiedene Gewebeimpedanzen und auch die kleinen, durch den Herzschlag verursachten Impedanzänderungen messen zu können. Um einen SNR-Verlust bei der Strom- und Spannungsmessung aufgrund der großen Dynamik der Gewebeimpedanz bzw. der Anregungsamplitude zu vermeiden (ca. 15 dB, siehe Kapitel 2.5.3), ist zudem eine adaptive Verstärkung notwendig. Die absolute Messunsicherheit des Systems wird mit $\pm 1\,\%$ für die Amplitude und $\pm 1°$ für die Phase spezifiziert. Diese Werte erscheinen nach den Abschätzungen aus Kapitel 2.5.1 realistisch und entsprechen in etwa dem Literaturstand [119]. Das auf der Grundlage der Anforderungsanalyse und den Beschreibungen aus Kapitel 2.4 entworfene Messsystem wird im Folgenden beschrieben.

4.2 Grundlegende Systemarchitektur

Abbildung 4.1 zeigt das Blockschaltbild des BMS mit der grundlegenden Architektur aus Kapitel 2.4.3. Die Funktionalität des BMS kann in Signalerzeugung, Datenerfassung, Signalverarbeitung und Anzeige eingeteilt werden. Während Signalerzeugung, Datenerfassung und eine einfache Signalverarbeitung auf einem FPGA-basierten Embedded System realisiert sind, erfolgt die finale Datenaufbereitung und Anzeige auf einem Steuerungscomputer über ein entwickeltes MATLAB-Framework.

Für die Messung der unbekannten Gewebeimpedanz ($\underline{Z}_G$) wird diese über vier Elektroden (siehe Kapitel 2.2.2) und entsprechend über vier Koaxial-Kabel mit dem BMS verbunden. Das benötigte Anregungssignal wird digital mithilfe von Direkte Digitale Synthese (DDS) direkt im FPGA (LFXP2-17E von Lattice Semiconductor) erzeugt. Der FPGA und die DDS sind synchron mit einem 50 MHz-Oszillator getaktet, der durch seinen sehr kleinen periodischen Root Means Square

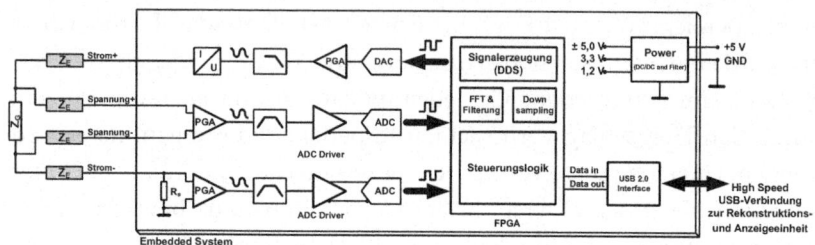

Abbildung 4.1: Blockschaltbild des entwickelten Bioimpedanzmesssystems (BMS)

(RMS)-Jitter von ca. 3 ps eine stabile Taktung gewährleistet[18] und somit Jitter induzierte Verzerrungen vermeidet (siehe Kapitel 2.5.5). Das digitale Anregungssignal wird über einen 16 bit, 50 MSPS DAC (LTC1668 von Linear Technology) gewandelt und anschließend von einem PGA (AD8251 von Analog Devices) programmierbar verstärkt, um so vier verschiedene Stromobergrenzen[19] zu ermöglichen. Für eine feinere Einstellung des Stroms kann die Amplitude zusätzlich digital in 64 Schritten skaliert werden. Durch diese Verschachtelung sind 160 verschiedene Stromamplituden von 10 µA bis 5 mA einstellbar. Ein dem DAC nachgeschalteter Rekonstruktionstiefpass mit einer Grenzfrequenz von 1,7 MHz sorgt für eine Reduzierung des Out-of-Band-Noise und filtert eventuelle mit dem DAC-Takt korrelierende Verzerrungen. Die Grenzfrequenz ist dabei so gewählt, dass eine quasikonstante Gruppenlaufzeit des Chirps gewährleistet ist. Mithilfe einer spannungsgesteuerten Stromquelle (engl. VCCS, siehe Kapitel 4.3) wird schließlich der konstante Anregungsstrom erzeugt, welcher über die Stromelektroden durch die unbekannte Impedanz getrieben wird.

---

[18] zum Vergleich: Die interne – nicht verwendete – Phase Locked Loop (PLL) des FPGA hat einen spezifizierten zusätzlichen Jitter von bis zu 500 ps.

[19] $I_{max} = \{5\,\text{mA};\ 2{,}5\,\text{mA};\ 1{,}25\,\text{mA};\ 0{,}625\,\text{mA}\}$

4.2 Grundlegende Systemarchitektur

Für eine genaue Bestimmung von Betrag und Phase des Anregungsstroms wird dieser am Fußpunkt durch den Messwiderstand R_S gemessen, wodurch auch der Einfluss der endlichen Ausgangsimpedanz der Stromquelle minimiert wird (siehe Kapitel 2.4.2). Dadurch sinken im Prinzip auch die Anforderungen an die Stromquelle. Ein quasi-konstanter Strom ist dennoch sinnvoll, um die medizinischen Sicherheitsstandards einzuhalten und die Auswirkungen der ESI-Stromdichteabhängigkeit klein zu halten (siehe Kapitel 2.6). Der Wert des Messwiderstands ist als $50\,\Omega$ gewählt und stellt einen Kompromiss zwischen möglicher Genauigkeit bzw. Auflösung der Strommessung und der Höhe des Spannungsabfalls am Messwiderstand und der damit einhergehenden Verringerung des Messbereiches dar. Der Spannungsabfall am Messwiderstand wird von einem weiteren PGA (AD8250 von Analog Devices) programmierbar verstärkt und anschließend mit einem Bandpassfilter gefiltert. Der Bandpassfilter hat Bessel-Charakteristik und besteht aus einem Tiefpass-Filter dritter Ordnung und einem Hochpass-Filter zweiter Ordnung[20]. Das gefilterte Signal wird anschließend von einem Kanal eines zweikanaligen 14 bit, 25 MSPS ADC (LTC2296 von Linear Technology) digitalisiert. Die Grenzfrequenzen und die Filtercharakteristik sind so gewählt, dass Betrags- und Phasenverzerrung im Impedanzmessbereich von 10 kHz bis 500 kHz minimal sind, bei gleichzeitiger Abschwächung von Out-of-Band-Noise.

Die Spannung über der unbekannten Gewebeimpedanz wird über die zwei Spannungselektroden zur Differenzbildung an einen weiteren PGA (AD8250 von Analog Devices) geführt und wie das Stromsignal durch einen Bandbass mit gleicher Charakteristik wie im Stromkanal gefiltert und anschließend kohärent mit dem zweiten ADC-Kanal digitalisiert. Durch den PGA sind vier verschiedene Spannungsbereiche

---

[20] Die Grenzfrequenzen liegen bei 1 kHz und 2 MHz; die Bauteilwerte sind mit FILTERPRO von Texas Instruments bestimmt.

möglich[21]. Um die Auswirkungen der Kapazitäten der verwendeten Koaxial-Kabel zu minimieren, wird zusätzlich ein getriebener Kabelschirm verwendet (siehe auch Kapitel 4.5 und Kapitel 4.7.5).

Im FPGA werden die digitalen Strom- und Spannungsmesswerte über je einen optionalen Filter mit endlicher Impulsantwort (engl. Finite Impulse Response (FIR), siehe Kapitel 4.7.3) geschickt und mit zwei 1024-Punkt FFTs in den Spektralbereich transformiert. Mit der gewählten Auslegung ist das BMS in der Lage, 2 × 3480 FFT pro Sekunde zu berechnen, was zu 3480 Impedanzspektren pro Sekunde (ISPS) führt. Um eine applikationsspezifische Anpassung an die zeitliche Auflösung zu ermöglichen, können die ISPS über einen optionalen Dezimator reduziert werden. Die berechneten Spektren werden anschließend mittels eines High-Speed Universal Serial Bus (USB)-Interface-Bausteins (FT2232HL von Future Technology Devices International) an den Steuerungscomputer übertragen. Die eigentliche Berechnung der Impedanzspektren mittels komplexer Division der Spannungs- und Stromspektren erfolgt dabei aus Flexibilitätsgründen auf dem Steuerungscomputer. Vor der Division erfolgt die Skalierung der Spannungs- und Stromspektren mit den theoretischen Übertragungsfunktionen, basierend auf den PGA- und Filterverstärkungen sowie mittels der verstärkungsabhängigen Kalibrierfaktoren (siehe Kapitel 4.7.4).

Zusätzlich zur Datenübertragung kann der USB auch für die Spannungsversorgung des Messsystems verwendet werden. Aus Gründen der elektrischen Sicherheit sollte allerdings der USB durch ein optisches Glasfaserkabel-Hub – wie z. B. durch einen USB Ranger 2224 von Icron – entkoppelt und ein nach der IEC60601-1 zertifiziertes Netzteil als Spannungsversorgung eingesetzt werden. Das BMS selbst versorgt sich intern mit ± 5 V für den Analogteil und mit 3,3 V und 1,2 V für den Digitalteil. Die internen Spannungen werden dabei mittels DC/DC-Wandlern erzeugt, deren Schaltfrequenzen weit über dem

---

[21] $U_{max} = \{3,75\,\text{V};\ 1,875\,\text{V};\ 0,75\,\text{V};\ 0,375\,\text{V}\}$

4.2 Grundlegende Systemarchitektur

Messfrequenzband liegen. Darüber hinaus sind alle DC/DC-Wandler überdimensioniert, um den Ripple-Strom möglichst klein zu halten und mit magnetisch geschirmten Induktiväten (WE-PD Serie von Würth Elektronik) ausgestattet, um Störeinkopplungen zu vermeiden. Die eigentlichen Analogspannungen werden über zusätzliche LC-Filter mit Grenzfrequenzen von ca. 7 kHz abgeleitet.

Neben dem prinzipiellen Aufbau hat auch die Leiterplatte (engl. Printed Circuit Board (PCB)) einen entscheidenden Einfluss auf die spätere Funktion des Messsystems, da diese in der Geometrie und im Lagenaufbau versteckte parasitäre Komponenten hinzufügt [93]. Eine ausreichende Planung der Leiterplatte ist gerade bei Leiterplatten, die hochfrequente Digitalbauteile und gleichzeitig empfindliche Messtechnik beherbergen, sehr wichtig [77]. Darüber hinaus können aufgrund der hohen Quellenimpedanzen auch externe elektromagnetische Störquellen (engl. Electromagnetic Interference (EMI)) einen großen Einfluss auf die Messergebnisse nehmen. Um diesen Effekt klein zu halten, ist sinnvolles Schirmen und Erden von PCB, Gehäusen und Kabeln sehr wichtig [26, 101, 102]. Abbildung 4.2 zeigt ein Foto des bestückten BMS ohne Kabel und Gehäuse.

Man erkennt den Digitalteil mit dem FPGA in der Mitte, die Stromversorgung mittig links und das USB-Interface oben links. Der Analogteil ist rechts und unten auf dem PCB angeordnet. Nicht beschrieben, aber zu sehen, ist ein zusätzliches analoges Frontend (ADS1298 von Texas Instruments). Das analoge Frontend bietet die simultane Messung eines Einkanal-EKG, vier Photoplethysmographie (PPG)-Signalen, zwei Audiosignalen und eines Referenzsignals (für weitere Informationen sind die folgenden Quellen zu benennen [65, 68, 82, 83]). Die vierlagige Platine hat eine Größe von ca. $136 \times 145\,mm^2$ und besteht aus über 700 Komponenten [61]. Basierend auf der grundlegenden Systembeschreibung erfolgt nachfolgend die detaillierte Beschreibung der einzelnen Systemkomponenten.

Abbildung 4.2: Bestückte Platine des Bioimpedanzmesssystems (BMS). Die vierlagige Platine hat eine Größe von ca.136 × 145 mm² und besteht aus über 700 Komponenten.

4.3 Anregungsgenerierung

Die Anregungskette des BMS kann in einen FPGA-basierten Digitalteil und in einen Analogteil gegliedert werden, welche über einen DAC verbunden sind. Innerhalb des FPGA wird das Anregungssignal erzeugt, vorskaliert und über einen DAC in eine Analogspannung umgesetzt. Die Analogspannung wird anschließend durch einen PGA verstärkt, gefiltert und mit einer VCCS in einen Konstantstrom (hier ein Wechselstrom mit konstanter Amplitude) überführt. Die einzelnen Schritte werden nachfolgend detailliert beschrieben.

4.3.1 Generierung des digitalen Anregungssignals

Die digitale Erzeugung des Anregungssignals erfolgt per Phasenzeiger und Umsetzungstabelle (engl. lookup table) über DDS innerhalb des FPGA. Das BMS unterstützt dabei drei verschiedene Anregungen: Sinus, Rechteck und Chirp. Zusätzlich ist es möglich, die Anregung auszuschalten, um so das Rauschniveau messen zu können.

Die implementierten Umsetzungstabellen haben eine Auflösung von 16 bit und bestehen aus 1024 Punkten für den Sinus bzw. 2048 Punkten für den Chirp. Das Rechtecksignal wird ohne Umsetzungstabelle direkt aus der Phase des Chirps abgeleitet und ist für die ersten 1024 Punkte negativ und anschließend positiv. Die DDS und der DAC sind mit 50 MHz getaktet, was – basierend auf den Längen der Umsetzungstabellen – zu einer nominalen Periodendauer von 40,96 µs für Chirp- und Rechtecksignal und zu einer nominalen Frequenz von ca. 48,828 kHz für den Sinus führt. Um einen größeren Frequenzbereich abzudecken, ist es darüber hinaus möglich, das Phaseninkrement der Umsetzungstabellen mit einem 6 bit-Zähler (n) zu erhöhen und über einen optionalen 10 bit DDS-Taktteiler (k) den DDS-Takt zu verringern.

$$f_{\sin} = \frac{50\,\text{MHz} \cdot (n+1)}{1024 \cdot 2^k} \quad \text{und} \quad T_{\text{Chirp}} = \frac{2048 \cdot 2^k}{50\,\text{MHz} \cdot (n+1)} \quad \text{mit } k, n \in \mathbb{N} \tag{4.4}$$

verdeutlicht diesen Zusammenhang. Theoretisch ist es daher möglich, 6411 verschiedene Anregungsfrequenzen zwischen 10 kHz und 1 MHz für Rechteck- oder Sinusanregung und bis zu 41.678 verschiedenen Periodendauern für Chirp-Anregungen zwischen 0,64 µs und 41,94 ms zu erzeugen.

Der in der Umsetzungstabelle gespeicherte und für diese Arbeit genutzte Chirp entspricht dem in Kapitel 2.3.3 gezeigten und deckt einen ungefähren Messbereich von 24,4 kHz bis 391 kHz ab. Der Chirp enthält acht Schwingungsperioden und ist so ausgewählt, dass er keine Sprungstellen bei kontinuierlicher periodischer Ausführung besitzt, um Einschwingvorgänge der Filter zu vermeiden (siehe Kapitel 2.5.6).

4.3.2 Generierung des Konstantstroms

Nachdem das Anregungssignal über den DAC gewandelt, gefiltert und über den PGA verstärkt worden ist (siehe Kapitel 4.2), wird es mit der entwickelten spannungsgesteuerten Stromquelle in einen Wechselstrom mit konstanter Amplitude überführt. Die Stromquelle ist dabei so gestaltet, dass diese – wie in Kapitel 2 beschrieben – eine möglichst große Ausgangsimpedanz (d. h. im Wesentlichen eine kleine Ausgangskapazität) besitzt. Die Anforderungen an die Stromquelle können allerdings aufgeweicht werden, da der tatsächlich durch das Messobjekt fließende Strom ausreichend genau gemessen wird (siehe Kapitel 2.4.2 und Kapitel 4.2). Für eine optimale Ausnutzung der Betriebsspannung (hier $\pm$ 5 V) sollte allerdings die Compliance-Bereich-Effizienz nach Gleichung (4.3) möglichst groß sein. Zusätzlich muss der Ausgangsstrom nahezu gleichstromfrei sein, um Elektrophorese-Effekte zu vermeiden und um der IEC60601-1 zu genügen, welche einen Gleichstrom von kleiner als 10 μA fordert (siehe Kapitel 2.6).

Die standardmäßig in der Bioimpedanzmessung benutzte Stromquellentopologie ist die verbesserte Stromquelle nach Howland [49, 125]. Es konnte allerdings in [125, 126] gezeigt werden, dass Stromquellen – wie in [12] vorgeschlagen -, basierend auf einem AD8130-Differenzverstärker (Analog Devices) bei höheren Frequenzen, eine um ca. 15 % höhere Compliance-Effizienz (vgl. Gleichung (4.3)) bei vergleichbarer bzw. höherer Ausgangsimpedanz besitzen und zusätzlich deutlich unempfindlicher gegenüber Bauteiltoleranzen sind. Die VCCS hat bei der gewählten Versorgungsspannung von $\pm$ 5 V einen verzerrungsfreien Compliance-Bereich von ca. $\pm$ 2 V bis $\pm$ 3,5 V, abhängig

4.3 Anregungsgenerierung

von Anregungsfrequenz und Laststrom [125]. In dieser Arbeit wird eine Weiterentwicklung der AD8130-basierten Stromquellentopologie verwendet. Die Stromquelle wurde dabei im Hinblick auf Stabilität, Reproduzierbarkeit, Anzahl der Bauteile[22] sowie Gleichstromfreiheit optimiert. Im Folgenden wird die Übertragungsfunktion der eingesetzten und in Abbildung 4.3 dargestellten Stromquelle hergeleitet.

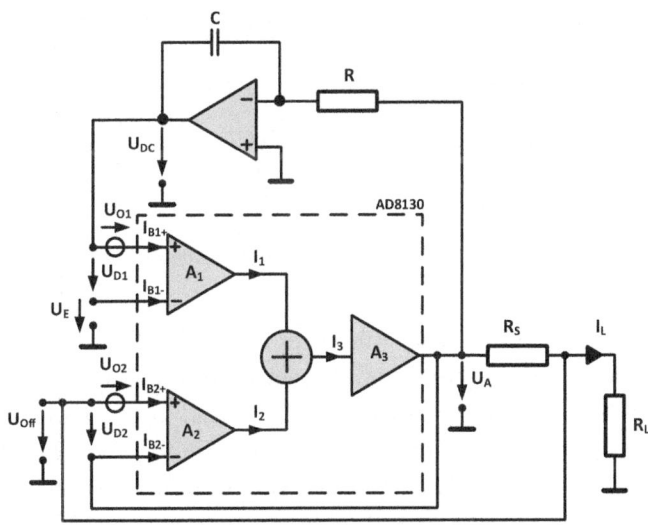

Abbildung 4.3: *Schaltplan der eingesetzten Stromquelle – basierend auf dem AD8130-Differenzverstärker von Analog Devices.*

Basierend auf Angaben des Datenblatts, besteht der AD8130 aus zwei Transkonduktanz-Operationsverstärkern mit den Verstärkungen $A_1 = A_2$, einem Stromsummierer und einem Transimpedanz-Operationsverstärker mit der Verstärkung A_3. Zusammen mit den unvermeidbaren Verstärker-Offsetspannungen U_{O1} und U_{O2} lässt sich durch Analyse von Knoten und Maschen

---

[22] Im Vergleich zu dem in [12] beschriebenen konnte die Bauteilanzahl von 16 auf 10 verringert werden, darunter zwei high-speed-Operationsverstärker und zwei Trimmer.

$$A_1(U_{D1} - U_{O1}) = I_1 \quad \wedge \quad A_2(U_{D2} - U_{O2}) = I_2 \quad \wedge \quad A_3 I_3 = U_A \tag{4.5}$$

$$I_3 = I_1 + I_2 \quad \wedge \quad U_{D2} = U_{\text{Off}} - U_A \quad \wedge \quad U_{D1} = U_{DC} - U_E \tag{4.6}$$

die Beschreibungsgleichung

$$\Rightarrow U_A = A_3 \left(A_1(U_{D1} - U_{O1}) + A_2(U_{D2} - U_{O2}) \right)$$

$$\Rightarrow U_A = \frac{A_1 A_3 (U_{DC} - U_E - U_{O1}) + A_2 A_3 (U_{\text{Off}} - U_{O2})}{1 + A_2 A_3}$$

$$\text{mit} \quad A_2 A_3 \gg 1 \quad \wedge \quad A_1 = A_2$$

$$U_A = -U_E + U_{\text{Off}} + U_{DC} - U_{O1} - U_{O2} \tag{4.7}$$

des AD8130 mit vorhandener Rückkopplung aufstellen. Davon ausgehend ist die Ausgangsspannung U_A gleich der Summe der Eingangs- (U_E) und Offset-Spannungen (U_{O1}, U_{O2}, U_{Off}, U_{DC}). Um nun eine Stromquellenfunktion zu erreichen, ist der Shunt-Widerstand R_S so verschaltet, dass der durch den Ausgangsstrom verursachte Spannungsabfall $I_L R_S$ zur Maschen-Beziehung

$$U_{\text{Off}} = U_A - R_S I_L \tag{4.8}$$

führt. Durch Subtraktion von Gleichung (4.8) und (4.7) sowie nach elementarer Umformung ergibt sich die Stromquellengleichung zu

$$I_L = -\frac{U_E}{R_S} + \frac{U_{DC} - U_{O1} - U_{O2}}{R_S} \tag{4.9}$$

4.3 Anregungsgenerierung

Dabei zeigt Gleichung (4.9), dass der Ausgangsstrom nur vom Shunt-Widerstand, der Eingangsspannung sowie von den Offset-Spannungen U_{O1}, U_{O2} und U_{DC} abhängig ist. Um diese Offsetspannungen und eventuell weitere vorhandene Gleichspannungen zu eliminieren, wird der in Abbildung 4.3 zu sehende Integrator verwendet. Die Gleichungen

$$U_{DC}(t) = -\frac{1}{RC} \int_0^t U_A(\tau) d\tau + U_{DC}(0) \qquad (4.10)$$

$$U_{DC}(\omega) = -\frac{U_A}{j\omega RC} \qquad (4.11)$$

zeigen die Gleich- bzw. Wechselspannungsübertragungsfunktion dieses Integrators. Da der Integrator mit der Ausgangsspannung verbunden ist und mit der eigentlichen Stromquelle einen geschlossenen Regelkreis bildet, führt diese Verschaltung zur Kompensation des Gleichanteils des Ausgangsstroms und zu einer Dämpfung von Frequenzen, deren Periodenlängen in der Größenordnung der Zeitkonstante des Integrators ($R \cdot C$) liegen. Für größere Frequenzen ($f \gg 1/(R \cdot C)$) hingegen geht die Verstärkung des Integrators gegen Null und die Dämpfung wird vernachlässigbar klein. Der Ausgangsstrom ist somit ein reiner Wechselstrom und selbst eventuelle Gleichspannungsüberlagerungen der Eingangsspannung sowie der Einfluss der DC-Eingangsströme werden ausgeglichen. Dies ist nötig, da laut Datenblatt I_{B2+} bis zu 38 μA betragen kann und somit deutlich größer als die in der Norm erlaubten 10 μA wäre (siehe Kapitel 2.6). Die Eingangsströme I_{B1+}, I_{B1-}, I_{B2-} haben hingegen einen vernachlässigbar kleinen Einfluss auf die Ausgangsspannung, da diese von niederohmigen Quellen getrieben werden.

Um auch im ersten Fehlerfall (Defekt des Integrators oder Kurzschluss zur Betriebsspannung der Ausgangsspannung) die Patientensicherheit gewährleisten zu können, wird in der Implementierung in Serie zur Lastimpedanz zusätzlich ein Kondensator zur Blockierung von Gleichströmen eingefügt. Da ein Kurzschluss des Kondensators unbemerkt bleiben würde, ist diese Maßnahme streng genommen nicht ausreichend, um der Norm gerecht zu werden. Aufgrund der hohen Unwahrscheinlichkeit eines Kondensatordefekts und der implementieren Gleichstromunterdrückung wird allerdings im Rahmen dieser Arbeit von weiteren Maßnahmen abgesehen.

Abbildung 4.4 zeigt die in LTspiceIV simulierte Ausgangsimpedanz, aufgeteilt in Betrag und Phase der verwendeten Stromquelle. Der Einfluss des Integrators bei Frequenzen unterhalb von 1 kHz ist deutlich zu erkennen. Die Wahl der Zeitkonstante des Integrators (hier als $10\,\text{M}\Omega \cdot 100\,\text{nF} = 1\,\text{s}$ gewählt) stellt dabei einen Kompromiss zwischen Einschwingzeit der Stromquelle und Nutzbarkeit bei kleineren Frequenzen dar. Der Betrag der Ausgangsimpedanz liegt bei 10 kHz bei ca. 260 kΩ und fällt zu 500 kHz hin auf ca. 20 kΩ ab. Der relativ große Phasengang von 180° stellt dadurch, dass der Anregungsstrom gemessen wird, kein Problem dar. Simulation und Messung zeigten zudem, dass durch die nicht ganz konstante Gruppenlaufzeit bzw. den nicht ganz linearen Phasengang im Frequenzbereich von 10 kHz bis 500 kHz keine merklichen Verzerrungen des verwendeten Chirp-Signals entstehen.

In erster Näherung und unter Vernachlässigung des Effekts des Integrators lässt sich gemäß des vereinfachten Ersatzschaltbildes aus Abbildung 2.9 b) eine äquivalente Ausgangsimpedanz ($R_A \| C_A$) von 265 kΩ $\|$ 17 pF abschätzen. Zusätzlich zur Ausgangsimpedanz zeigt Abbildung 4.5 die in LTspiceIV simulierte Übertragungsfunktion (I_L / U_E) der entwickelten Stromquelle für verschiedene Lastwiderstände (R_L).

Der Betrag und die Phase der Übertragungsfunktion sind dabei für Lastwiderstände bis 1 kΩ bzw. ca. 1 MHz konstant. Für größere Lastwiderstände entstehen für Frequenzen unterhalb von 1 kHz bzw. oberhalb von 100 kHz Abweichungen gegenüber der theoretischen

4.3 Anregungsgenerierung

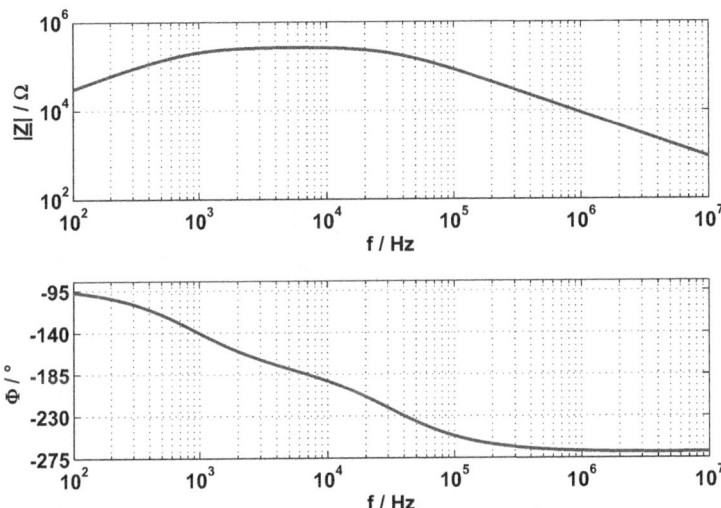

Abbildung 4.4: Betrag und Phase der simulierten Ausgangsimpedanz der eingesetzten AD8130-basierten Stromquelle.

Phasenverschiebung von 180° bzw. der Verstärkung von $20\,\text{m}\Omega^{-1}$ (siehe Gleichung (4.9), bzw. Kapitel 2.4.2).

4.3.3 Mögliche Anregungsströme und damit messbare Impedanzen

Um die beschriebene spannungsgesteuerte Stromquelle treiben zu können, muss das analoge Ausgangssignal des DAC geeignet verstärkt werden. Wie in Kapitel 4.2 beschrieben, erfolgt diese Verstärkung mittels eines PGA in vier verschieden Verstärkungsstufen. Eine Alternative zu PGA bilden Multiplying DAC (MDAC), welche eine nahezu stufenlose Einstellung des Ausgangsstroms erlaubt hätten. Auf den Einsatz eines MDAC wurde verzichtet, da durch die Kombination aus PGA und digitaler Vorskalierung eine ausreichend feine Stromeinstellung

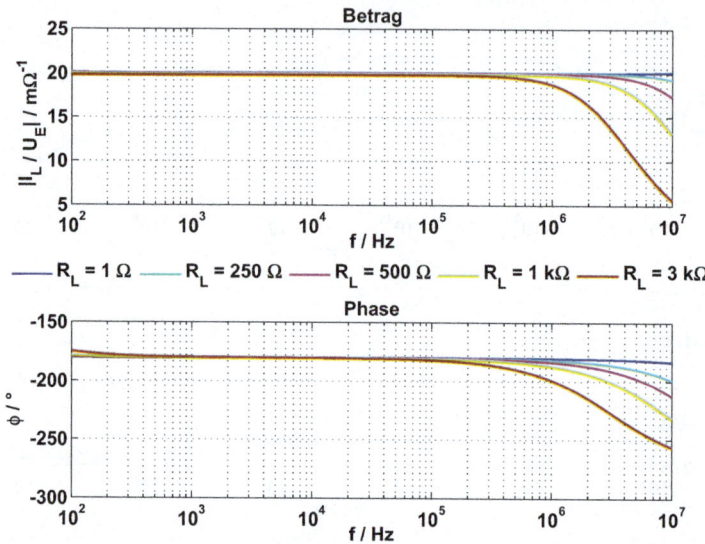

Abbildung 4.5: Betrag und Phase der Übertragungsfunktion der eingesetzten AD8130-basierten Stromquelle für verschiedene Lastwiderstände.

gewährleistet ist. Darüber hinaus ist die gewählte Lösung deutlich kostengünstiger, braucht weniger Platinenplatz und ist wesentlich einfacher anzusteuern. Abbildung 4.6 a) zeigt die möglichen 160 verschiedenen Anregungsströme im Bereich von ca. 10 µA bis 5 mA, Abbildung 4.6 b) hingegen die mit den verschiedenen Anregungsströmen maximal messbaren Impedanzen (siehe auch Kapitel 4.4).

4.4 Messwertaufnahme

Die Impedanzmessung des BMS basiert auf der synchronen Abtastung von Strom und Spannung mittels des Zweikanal-ADC, der kohärent zur Signalerzeugung getaktet ist. Um verschiedene Abtastfrequenzen zu ermöglichen, kann diese von nominal 25 MHz mit einem 4 bit-

4.4 Messwertaufnahme

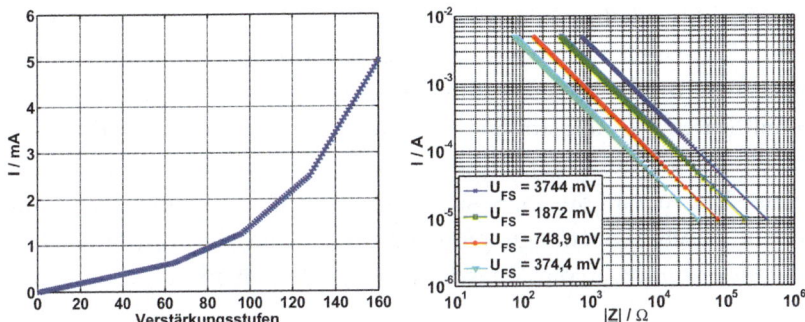

a) Mögliche Anregungsströme im Bereich von ca. 10 µA bis 5 mA.

b) Mögliche maximale Impedanzen für die unterschiedlichen Anregungsströme

Abbildung 4.6: *Mögliche Anregungsströme und damit messbare Impedanzen*

Taktteiler auf bis zu 1,56 MHz herunter geteilt werden. Durch einen zusätzlichen 10-bit-Dezimator und das damit erreichte Downsampling können anschließend effektive Abtastfrequenzen herunter bis 1,5 kHz erreicht werden.

Mit den möglichen Messbereichen für die Spannung[23] und den verschiedenen maximalen Anregungsströmen[24] und einem minimalen Compliance-Bereich der Stromquelle von ± 2 V bei 500 kHz ergeben sich zehn verschiedene Impedanzmessbereiche[25] $|\underline{Z}_{FS}|$ von 58 Ω bis 3,2 kΩ. Zusätzlich kann $|\underline{Z}_{FS}|$ durch Ausnutzung der digitalen Skalierung des Stroms auf bis zu 200 kΩ erweitert werden[26] (siehe Abbildung 4.6 b)).

Um ein Impedanzspektrum ohne spektralen Leckeffekt aufnehmen zu können, muss die Länge des Beobachtungsintervalls T einem

---

[23] $U_{max} = \{290\,\text{mV}; 580\,\text{mV}; 1,45\,\text{V}; 2,9\,\text{V}\}$
[24] $I_{max} = \{5\,\text{mA}; 2,5\,\text{mA}; 1,25\,\text{mA}; 0,625\,\text{mA}\}$
[25] $|\underline{Z}_{FS}| = \{58\,\Omega; 116\,\Omega; 232\,\Omega; 290\,\Omega; 464\,\Omega; 580\,\Omega; 928\,\Omega; 1,16\,\text{k}\Omega; 2,32\,\text{k}\Omega; 3,2\,\text{k}\Omega\}$
[26] Der SNR verringert sich entsprechend der geringeren Aussteuerung um ca. 36 dB, vgl. Kapitel 2.5.3.

ganzzahligen Vielfachen der Anregungsperiode entsprechen (siehe Kapitel 2.3.5). Durch die Verwendung der FFT-basierten Demodulation ist die Länge des Beobachtungsintervalls durch die Länge der FFT N_{FFT}, geteilt durch die Abtastfrequenz f_a, gegeben. Die Länge des Beobachtungsintervalls bestimmt ebenso die Auflösung Δf des Impedanzspektrums. Die Anzahl der ISPS ist zudem über eine Programmkonstante, welche durch die benötigte Durchlauf- bzw. Berechnungszeit der FFT zustande kommt, an die Abtastfrequenz gekoppelt. Die Gleichungen

$$T = \frac{N_{FFT}}{f_a} = \frac{1}{\Delta f} = \frac{N_{Perioden}}{f_{Anregung}} = T_{Chirp} \qquad (4.12)$$

$$ISPS = \frac{f_a}{7184} \qquad (4.13)$$

verdeutlichen diese Zusammenhänge. Der geforderte Abgleich zwischen Anregungsfrequenz und Beobachtungsintervall wird durch die verschiedenen Taktteiler und Inkremente der verschiedenen Module erreicht (siehe auch Gleichung (4.4)). Bei einer Abtastfrequenz von 25 MHz ergeben sich nach Gleichung (4.13) 3480 ISPS mit einer Beobachtungsintervalllänge von 40,96 μs. Die korrespondierende Auflösung des Impedanzspektrums beträgt damit ca. 24,4 kHz. Zusammen mit dem gewählten Chirp (siehe Abbildung 2.7) mit seiner hauptsächlichen Energiekonzentration zwischen 24,4 kHz bis 391 kHz ergeben sich 16 Impedanzmesswerte, welche gleichzeitig gemessen und ausgewertet werden können.

4.5 Getriebener Kabelschirm

Um die kleinen Mess- und Anregungssignale von Störeinflüssen von außen abzuschirmen, werden dünne, flexible Koaxial-Kabel (RG-174) mit einem nominalen Wellenwiderstand Z_0 von 50 Ω verwendet. Die Kabel haben einen Außendurchmesser von ca. 3 mm und einen

4.5 Getriebener Kabelschirm

Gleichstromwiderstand von maximal 317 Ω / km. Während der Gleichstromwiderstand für erwartete Kabellängen bis 2 m vernachlässigbar ist, würden durch das übliche Verbinden der Kabelschirme mit der Systemmasse Stromflüsse durch die Kabelkapazitäten (ca. 100 pF/m) auftreten. Um diese Stromabflüsse zu vermeiden, wird der Kabelschirm nicht wie üblich mit der Systemmasse verbunden, sondern aktiv über einen Operationsverstärker getrieben. Abbildung 4.7 zeigt das prinzipielle Schaltbild des Schirmtreibers zusammen mit dem vereinfachten Koaxial-Kabel-Ersatzschaltbild, mit der zu schirmenden Kabelspannung U_K und der Schirmspannung U_S zwischen Innenleiter und Kabelschirm. Das Koaxial-Kabel ist dafür nur mit den Beleggrößen R' und C' dargestellt, da die induktiven Beleggrößen ($L' = C' \cdot Z_0^2 = 250$ nH/m) nicht zum Stromabfluss beitragen.

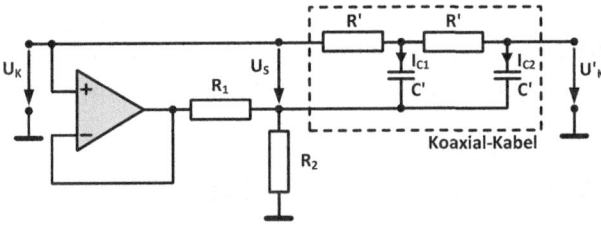

Abbildung 4.7: Prinzipielles Schaltbild des Schirmtreibers mit vereinfachten Koaxial-Kabel-Ersatzschaltbild

Um Eigenschwingungen zu vermeiden, wird die Kreisverstärkung kleiner als eins gewählt. Dies wird realisiert, indem der Schirmtreiber als Spannungsfolger, gefolgt von einem Spannungsteiler ausgelegt ist. Darüber hinaus ist der eingesetzte Operationsverstärker (OPA743NA von Texas Instruments) so ausgewählt, dass seine Bandbreite klein ist, was zu einer weiteren Reduktion der Schwingungsneigung beträgt.

Die resultierende Schirmspannung ist durch

$$U_S = U_K \frac{R_2}{R_1 + R_2} \qquad (4.14)$$

gegeben. In der eingesetzten Auslegung ist $R_1 = 100\,\Omega$ und $R_2 = 10\,\text{k}\Omega$. Durch die so gewählten Widerstände beträgt die Schirmspannung ca. 1 % der Anregungsspannung, wodurch die effektiv wirkenden Kapazitäten, genau wie die Stromflüsse I_{C1} und I_{C2}, theoretisch um den Faktor 100 gegenüber einem mit der Systemmasse verbundenen Schirm fallen. Durch die begrenzte Bandbreite des eingesetzten Operationsverstärkers ist allerdings bei höheren Frequenzen mit einer Verschlechterung dieses Faktors zu rechnen. Auf den Austausch des Operationsverstärkers durch einen Typ mit höherer Bandbreite wurde allerdings verzichtet, da Experimente und Simulationen nahelegten, dass dies durch die induktive Kopplung von mehreren Schirmtreibern untereinander trotz einer Schleifenverstärkung von kleiner als eins zu Instabilitäten führen kann. Daher wird im Folgenden für Frequenzen oberhalb von 100 kHz von einer Kapazität von 10 % der nominellen Kapazität ausgegangen.

4.6 Firmware und Interface-Software

Die entwickelte Softwarearchitektur des BMS basiert auf der Aufteilung in eine Firmware, welche auf dem BMS läuft, einer Schnittstellensoftware und eines MathWorks-MATLAB-basierten Frameworks auf dem Steuerungscomputer. Der Signalfluss geht dabei in zwei Richtungen: von der Konfiguration des Benutzerinterfaces aus, bis hin zum Embedded System (BMS) und von der Messdatenaufnahme (auf dem BMS) zurück zum Benutzerinterface. Abbildung 4.8 stellt die Softwarearchitektur und den Signalfluss des Gesamt-Messsystems grafisch dar.

Dabei erfolgt die logische Konfiguration, die abschließende Signalverarbeitung und Anzeige über das in MATLAB implementierte Benut-

4.6 Firmware und Interface-Software

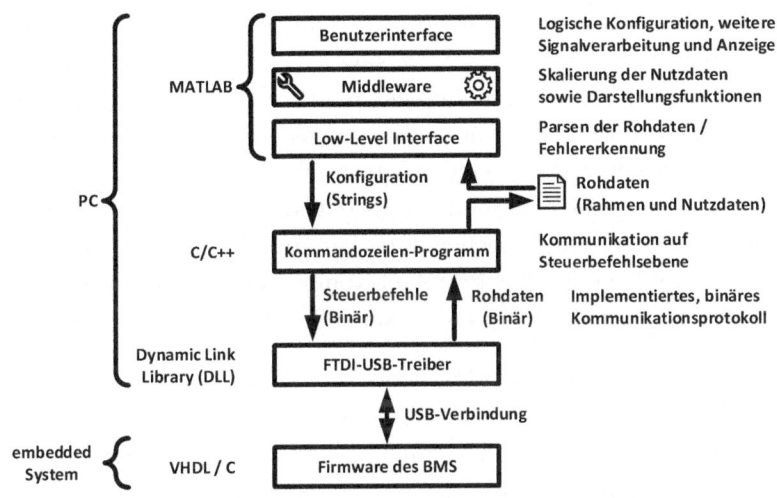

Abbildung 4.8: *Softwarearchitektur und Signalfluss des Bioimpedanzmesssystems (BMS).*

zerinterface. Eine Zwischenschicht (engl. Middleware) sorgt zudem dafür, dass die Nutzdaten geeignet skaliert werden und stellt verschiedene Darstellungs- und Fehlersuchfunktionen zur Verfügung. Darüber hinaus sorgt diese für eine Umsetzung der logischen Konfiguration in eine String-basierte Konfiguration, welche das Kommandozeilenprogramm entgegennehmen kann. Die Middleware baut auf einem Low-Level-Interface auf, welches die Rohdaten des BMS aus einer Datei liest, die Nutzdaten extrahiert sowie auf Fehler prüft (engl. parsing). Der Umweg über die Datei wurde dabei gewählt, um auf einfache Art zwischen den beiden Prozessen (MATLAB und Kommandozeilenprogramm) Daten übergeben zu können. Das Low-Level-Interface kapselt alle möglichen Befehle des Kommandozeilen-Programms, um so ein einfaches Interface zu MATLAB bereitzustellen. Das eigentliche Kommandozeilenprogramm ist in C/C++ implementiert und bindet direkt die vom Hersteller des USB-Interface-Chip zur Verfügung gestellte Dynamic-Link-Library (DLL) ein und kapselt somit die USB-Kommunikation. Derzeit sind 32 verschiedene Befehle im Kommandozeilenprogramm implementiert, welche in 19 vom BMS verarbeitbare Protokoll-Kommandos umgesetzt werden (siehe Tabelle 4.1). Die Protokoll-Kommandos haben – abhängig vom Kommando – eine Länge zwischen einem und sechs Bytes, wobei das erste Byte den Befehl kodiert und die restlichen Bytes Parameter darstellen. Tabelle 4.1 zeigt die implementierten Protokoll-Kommandos des BMS inklusive der zusätzlichen Befehle des entwickelten EIT-Systems aus Kapitel 5.

Die Firmware des Embedded Systems, die im FPGA implementiert ist, besteht aus einer Mischung aus in der Very High Speed Integrated Circuit Hardware Description Language (VHDL) geschriebenen Modulen und einem in C programmierten 8-bit-Softcore-Mikrocontroller (Mico8 von Lattice Semiconductor). Abbildung 4.9 zeigt das prinzipielle Blockdiagramm der Firmware-Architektur des Embedded Systems.

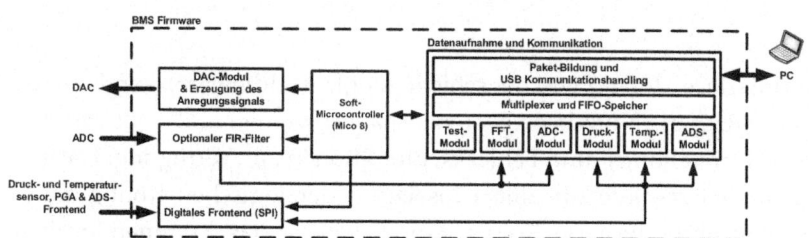

Abbildung 4.9: Prinzipielles Blockdiagramm der Firmware-Architektur des Embedded Systems: Ein in C programmierbarer 8-bit-Softcore-Mikrocontroller steuert die Funktionalität und handhabt die Kommunikation mit dem PC. Die restliche Logik ist in VHDL implementiert.

Der Soft-Mikrocontroller verarbeitet die Steuerbefehle der Interfacesoftware und steuert das BMS, indem er als Zustandsautomat für alle anderen Software-Module fungiert. Durch die C-Programmierbarkeit ist das Mikrokontrollersystem sehr flexibel und kann schnell erweitert und modifiziert werden. Die benötigten Schnittstellen-Module für

4.6 Firmware und Interface-Software

Tabelle 4.1: Implementierte Protokoll-Kommandos des BMS inklusive der zusätzlichen Befehle des entwickelten EIT-Systems aus Kapitel 5.

Binärcode	Bezeichnung	Beschreibung
0x00	SET DAC CLK DIV	Setze Taktteiler für DAC
0x01	SET DAC CONFIG	Setze die Signalform der Anregung
0x02	SET ADC CHANNELCONFIG	Setze die Taktteiler für ADC, Dezimation sowie die Freischaltung des FIR-Filters
0x03	SET PGA AMPLIFICATION	Setze PGA Verstärkung X für Kanal Y
0x04	SET MUX	Setze Multiplexer X auf Kanal Y (nur für das EIT-System aus Kapitel 5)
0x05	SET DIO	Setze die digitalen Ausgänge auf X (future-use)
0x06	SET LED	Setze die LED auf X
0x07	SET MODE	Setze Modus der Datenaufnahme (FFT, Test, ADC, Druck, Temperatur)
0x08	RESET	Führe einen Reset des Embedded Systems aus
0x09	—	Nicht mehr verwendet
0x0A	SET FFT	Setze den FFT-Dezimator
0x0B	WRITE ADS	Befehl für die Kommunikation mit dem analogen Frontend
0x0C	SYSTEM DELAY	Warte X ms
0x0D	FLOW CONTROL	Stoppe nach X Paketen die Datenübertragung, für X=0 kein Stopp der Datenübertragung
0x0E	SET PRESSURE UPDATEDIV	Setze Abtastfrequenz des Drucksensors
0x0F	SET TEMPERATURE UPDATEDIV	Setze Abtastfrequenz des Temperatursensors
0x10	SYSTEM DELAY2	Warte X μs
0x11	BIT SET LED	Setze die Bitmaske X für das Setzen von bestimmten LED
0x12	BIT CLEAR LED	Setze die Bitmaske X für das Rücksetzen von bestimmten LED
0x13 – 0xFF	Reserviert	Reserviert für zukünftige Erweiterungen

ADC, DAC, PGA, Druck, Temperatur und USB sowie der optionale FIR-Filter und die 1024-Punkt FFT[27] sind in VHDL implementiert. Für die Umschaltung in die verschiedenen Übertragungs-Modi (Testdaten, FFT, ADC, Druck, Temperatur, Analoges Frontend) ist ein digitaler Multiplexer vorgesehen, welcher vom Mikrocontroller gesteuert wird. Ein zusätzlicher First In First Out (FIFO)-Speicher sorgt für eine entsprechende Zwischenspeicherung der Messdaten, bis diese an den Steuerungscomputer übertragen werden können. Die eigentliche Datenübertragung zum PC erfolgt dabei über den USB. Um die Datenintegrität zu gewährleisten, werden die Messdaten in Rahmen verpackt, um so verlorene Rahmen und verfälschte Daten auf PC-Seite erkennen zu können. Ein Rahmen besteht aus acht „Magic-Bytes" zur Erkennung des Startpunktes eines Pakets im Datenstrom, der Rahmennummer, der Rahmenart, der Messdaten und einer Checksumme (zusammen 11 Byte Overhead). Zusätzlich zur FFT-basierten Datenerfassung ist es auch möglich, ADC-Rohdaten zu Diagnosezwecken zu übertragen, wobei diese Möglichkeit durch die Notwendigkeit der unterbrechungsfreien Datenübertragung auf experimentell ermittelte 12 MB/s begrenzt ist, was einer maximalen Abtastfrequenz des ADC von 3,125 MHz entspricht. Neben der Impedanzmessung ist zudem die Erfassung der Platinen-Temperatur sowie das Auslesen und Konfigurieren eines digitalen Drucksensors und eines analogen Frontends via eines Serial Peripheral Interface (SPI) möglich (für weitere Informationen siehe [65, 68, 82, 83]).

4.7 Systemverifikation

Nachdem das entwickelte System detailliert beschrieben worden ist, erfolgt nun die Systemverifikation. Die Systemverifikation ist dabei in eine theoretische Untersuchung anhand des Ersatzschaltbildes und in eine messtechnische Untersuchung des BMS gegliedert.

---

[27] Die FFT wurde mit dem FFT-Compiler von Lattice Semiconductor erzeugt.

4.7.1 Elektrisches Ersatzschaltbild

Für die theoretische Ermittlung der zu erwartenden Messunsicherheit wird nachfolgend das in Abbildung 4.10 zu sehende vereinfachte Ersatzschaltbild des BMS untersucht. Dabei ist nur der Messteil für Strom und Spannung (ohne Filter, ADC und weiteren Verstärker) sowie die Anregungserzeugung (Stromquelle) zu sehen. Die endlichen Eingangsimpedanzen der Verstärker in Kombination mit den akkumulierten Kapazitäten der Kabel und der Leiterplatte sind, genauso wie die endliche Ausgangsimpedanz der Stromquelle, als $R\|C$-Glieder ($R_{P1}\|C_{P1}$ ... $R_{P3}\|C_{P3}$ bzw. $R_I\|C_I$) modelliert. Die Werte dieser Größen liegen für die äquivalenten Gleichtakt-Eingangswiderstände bei ca. $1{,}25\,G\Omega$. Die Werte der Kapazitäten (C_{P1} ... C_{P3}) können für Kabellängen bis 2 m durch den getriebenen Schirm der Messkabel als maximal 30 pF angenommen werden (siehe Kapitel 4.5). Die differentiellen Eingangsimpedanzen sind dagegen vernachlässigbar klein. Auch die DC-Eingangsströme (I_{B1+} ... I_{B2-}) können vernachlässigt werden, da diese außerhalb des Messfrequenzbereichs liegen[28].

Während im Idealfall der Messstrom ($\underline{I}_{out}$) komplett durch die unbekannte Impedanz ($\underline{Z}$) und den Messwiderstand ($R_S = 50\,\Omega$) fließen würde, führen die parasitären Lasten zu Fehlströmen ($\underline{I}_{F1}$ ... $\underline{I}_{F3}$), welche vom Messstrom abzweigen. Die Fehlströme $\underline{I}_{F2}$ und $\underline{I}_{F3}$ führen zudem zu einer Fehlmessung der gemessenen Impedanz ($\underline{Z}_M = U_{ZA}/(\underline{U}_{IA}/R_S)$) durch die Reduzierung der zum Strom proportionalen Spannung (U_{IA}) über R_S. Auf der anderen Seite bilden die parasitären Kapazitäten einen Spannungsteiler mit den ESI ($\underline{Z}_{E1}$ ... $\underline{Z}_{E4}$), welche die gemessene Spannung $\underline{U}_{ZA}$ verkleinern. Unter den Annahmen

---

[28] Es muss allerdings sichergestellt werden, dass die Eingangsströme kleiner sind, als die durch die Norm erlaubten $10\,\mu A$ (siehe Kapitel 2.6).

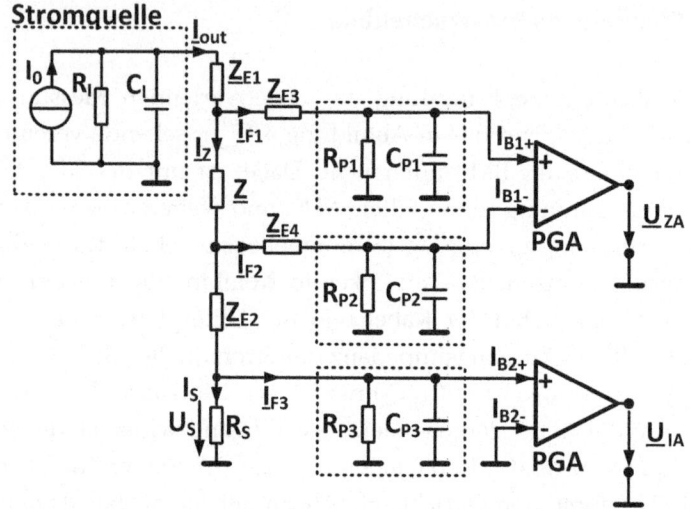

Abbildung 4.10: Ersatzschaltbild des Bioimpedanzmesssystems (BMS)

$$\underline{Z}_{E1} = \underline{Z}_{E2} = \underline{Z}_{E3} = \underline{Z}_{E4} = \underline{Z}_E \qquad (4.15)$$

$$C_{P1} = C_{P2} = C_{P3} = C_P \quad \wedge \quad \underline{Z}_C = \frac{1}{j\omega C_P} \qquad (4.16)$$

zeigt

$$\underline{Z}_M = \underline{Z} \cdot \underbrace{\frac{\underline{Z}_C}{\underline{Z}_E + \underline{Z}_C}}_{\text{Spannungsabweichungsfaktor}} \cdot \underbrace{\frac{\underline{Z}_C + 2\left(\underline{Z}_E + R_S\left(1 + \frac{\underline{Z}_E}{\underline{Z}_C}\right)\right)}{\underline{Z}_E + \underline{Z}_C}}_{\text{Stromabweichungsfaktor}}$$

(4.17)

die analytische Lösung für die gemessene Impedanz ($\underline{Z}_M$) mit den analytischen Strom- und Spannungsabweichungen.

4.7 Systemverifikation

Tabelle 4.2: Spannungs-, Strom- und Gesamtabweichung für verschiedene ESI bei 500 kHz, aufgeteilt in Betrag und Phase gemäß Gleichung (4.17).

$|Z_E|/\Omega$	Abweichung U		Abweichung I		Gesamtabweichung	
	Magnitude	Phase	Magnitude	Phase	Magnitude	Phase
50	0,00 %	-0,27°	0,01 %	0,81°	0,01 %	0,54°
200	-0,02 %	-1,08°	0,08 %	1,62°	0,06 %	0,54°
400	-0,07 %	-2,16°	0,25 %	2,69°	0,18 %	0,53°
800	-0,28 %	-4,31°	0,92 %	4,80°	0,63 %	0,49°
1000	-0,44 %	-5,38°	1,40 %	5,82°	0,96 %	0,44°
1400	-0,86 %	-7,52°	2,66 %	7,79°	1,78 %	0,27°
1600	-1,12 %	-8,58°	3,42 %	8,72°	2,26 %	0,15°
2000	-1,73 %	-10,67°	5,19 %	10,49°	3,37 %	-0,19°

Da beide Abweichungsfaktoren systematischer Natur sind und ein entgegengesetztes Verhalten zeigen, heben diese sich zum Teil auf. Für eine geschätzte ESI von 200 Ω summiert sich die erwartete relative Messunsicherheit $(1 - |\underline{Z}_M|/|\underline{Z}|)$ bei 500 kHz zu ca. 0,06 % des Betrages und die absolute Phasenunsicherheit ($\angle \underline{Z}_M - \angle \underline{Z}$) zu ca. 0,54° auf. Tabelle 4.2 zeigt die relativen Spannungs-, Strom und Gesamtabweichungen für verschiedene ESI[29] ($|\underline{Z}_E|$) bei 500 kHz, aufgeteilt in Betrag und Phase gemäß Gleichung (4.17) für ESI von 50 Ω bis 2 kΩ. Wobei bei richtiger Applikation der Elektroden bei 500 kHz in der Regel von Werten für die ESI von deutlich unter 500 Ω ausgegangen werden kann [66].

Zusätzlich zu den durch die Last verursachten Messabweichungen kommen noch Gleichtakt- und Verstärkungsfehler der Filterverstärker und der PGA hinzu. Während der akkumulierte systematische Fehler durch Kalibrierung korrigiert werden kann, entsteht durch die Gleichtaktspannung, verursacht durch $\underline{Z}/2 + \underline{Z}_{E2} + R_S$, am Eingang des Spannungs-PGA eine Messabweichung, welche maßgeblich auf den unbekannten ESI beruht. Allerdings wird diese Abweichung durch den relativ hohen CMRR des PGA von ca. 60 dB bei 500 kHz deutlich

---

[29] Der Einfluss des Imaginärteils der Elektroden wurde bei dieser Frequenz vernachlässigt.

verkleinert. Schwerwiegender ist die Auswirkung, welche durch ein Elektrodenungleichgewicht $|\Delta \underline{Z}_E| = |\Delta \underline{Z}_{E3} - \Delta \underline{Z}_{E4}|$ zusammen mit den parasitären Lasten ($\underline{Z}_C$) entsteht und die Gleichtaktspannung in eine Differenzspannung überführt. Die resultierende relative Messunsicherheit ist dabei durch die vom Elektrodenungleichgewicht induzierte Differenzspannung ($\underline{U}_{ZCM}$) dividiert durch die reale Differenzspannung ($\underline{I}_Z \cdot \underline{Z}$) gegeben. Diese wird durch

$$\frac{\underline{U}_{ZCM}}{\underline{I}_Z \cdot \underline{Z}} \approx \frac{\frac{\underline{Z}}{2} + Z_E + R_S}{\underline{Z}_C} \cdot \frac{\Delta Z_E}{\underline{Z}} \qquad (4.18)$$

abgeschätzt.

Insbesondere für kleine zu messende Impedanzen unterhalb von 50 Ω entstehen so schnell Spannungsmessabweichungen im zweistelligen Prozentbereich. So beträgt diese bei 500 kHz für eine ESI von 200 Ω und ein Elektrodenungleichgewicht von 20 % bei einer zu messenden Impedanz von 10 Ω ca. 10 %. Durch eine Reduktion der ESI auf 50 Ω sinkt diese Abweichung unter 1 %. Die Gleichtaktspannung ($I_S \cdot R_S/2$), welche am Messwiderstand (R_S) entsteht, ist hingegen nahezu konstant und kann daher durch Kalibrierung eliminiert werden. Für praktische Messungen kann allerdings von genaueren Ergebnissen ausgegangen werden, da die Abschätzung der verbleibenden Kapazitäten mit 30 pF sehr pessimistisch ist (siehe Kapitel 4.5). Durch Verkürzung der Kabel bzw. durch die Auswahl von Kabeln mit niedrigeren Kapazitätswerten (z. B. TCF119 vin Totoku Electric mit 85 pF/m) lässt sich das Ergebnis weiter verbessern.

4.7.2 Theoretische und messtechnische Abschätzung des Signal-Rausch-Abstandes

Um die Leistungsfähigkeit des BMS auf Signalebene zu charakterisieren, bieten sich verschiedene Maße an (siehe auch Kapitel 2.5). Die naheliegendsten sind SINAD, ENOB, Total Harmonic Distortion + Noise (THD+N) und SFDR. Für die Bestimmung dieser Größen wurden verschiedene Messungen an bekannten Widerständen mit verschiedenen Anregungen durchgeführt. Abbildung 4.11 zeigt beispielhaft gemessene Spektren für Sinus- und Chirpanregung als Mittelwert aus 10.440 Einzelmessungen, aufgenommen über 3 s an einem 46,5 Ω Widerstand. Die Messungen wurden über 1 m lange Koaxial-Kabel mit einer Stromamplitude von 5 mA durchgeführt. Tabelle 4.3 zeigt zusätzlich SINAD, ENOB, THD+N und SFDR der Spannungs- und Stromspektren für weitere Anregungsfrequenzen zwischen 24,4 kHz bis 391 kHz. Abbildung 4.12 zeigt darüber hinaus eine beispielhafte Zeitbereichsmessung eines 100 Ω Widerstands zur Demonstration der Stabilität der Messung.

Tabelle 4.3: SINAD, ENOB, SFDR, THD+N für die Spannungs- und Stromspektren bei Frequenzen von 24,4 kHz bis 391 kHz, basierend auf 10.440 Einzelmessungen gemessen über 1 m lange Kabel über 3 s an einem 46,5-Ω-Widerstand mit sinusförmiger Anregung bei 5 mA.

f / kHz	24,4	48,8	73,2	97,7	147	195	293	391
$SINAD_V$ / dB_{FS}	83,7	83,6	83,6	83,4	83,2	83,1	82,9	82,8
$SINAD_I$ / dB_{FS}	83,5	83,5	83,5	83,4	83,4	83,2	83,1	82,9
$ENOB_V$ / bit	13,6	13,6	13,6	13,6	13,5	13,5	13,5	13,5
$ENOB_I$ / bit	13,6	13,6	13,6	13,6	13,6	13,5	13,5	13,5
$SFDR_V$ / dB	67,1	67,0	65,5	64,5	60,2	57,8	53,4	51,0
$SFDR_I$ / dB	70,6	68,2	66,2	65,1	62,0	60,5	56,4	53,4
$THD+N_V$ / dB	54,1	56,7	56,9	57,3	55,6	54,7	51,6	49,6
$THD+N_I$ / dB	53,2	56,3	57,4	58,6	58,2	58,1	55,0	52,4

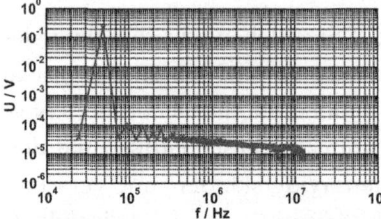

a) Spannungsspektrum bei sinusförmiger Anregung mit 48,428 kHz. Die erreichten Leistungsparameter betragen: SINAD ≈ 83 dB$_{FS}$, ENOB ≈ 13,5 bit, SFDR ≈ 66 dB, THD+N ≈ 53 dB.

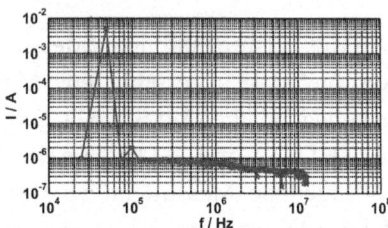

b) Stromspektrum bei sinusförmiger Anregung mit 48,428 kHz. Die erreichten Leistungsparameter betragen: SINAD ≈ 83 dB$_{FS}$, ENOB ≈ 13,5 bit, SFDR ≈ 66 dB, THD+N ≈ 52 dB.

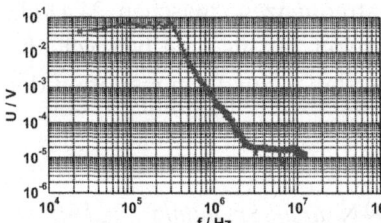

c) Spannungsspektrum bei Chirp-Anregung mit einer Periodendauer von 40,96 μs

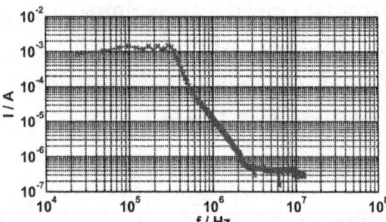

d) Stromspektrum bei Chirp-Anregung mit einer Periodendauer von 40,96 μs

Abbildung 4.11: *SINAD-Messungen im optimalen Messbereich an einem 46,5-Ω-Widerstand. Gemessen wurde über 1 m lange Kabel bei $f_s = 25$ MHz über 3 s mit einem Anregungsstrom von 5 mA. Dargestellt sind die mittleren Spektren aus 10.440 Einzelmessungen.*

4.7 Systemverifikation

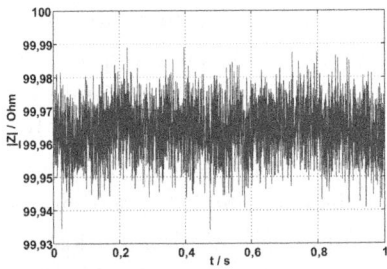
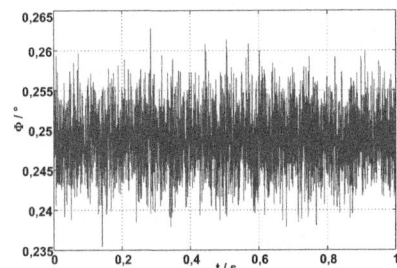

a) Impedanz Magnitude $|Z|$ – die maximale Magnitudenunsicherheit ist kleiner als 6 ‰

b) Impedanz Phase ϕ – die maximale Phasenunsicherheit ist kleiner als 0.03°

Abbildung 4.12: *Impedanzmessung über $t = 1$ s an einem 100-Ω-Widerstand als Demonstration der Stabilität der Messung.*

Die Messungen zeigen mit einem SINAD $\geq$ 83 dB und einem korrespondierenden ENOB über 13,5 bit ein sehr gutes Verhalten[30]. Aus dem gemessenen SINAD kann der Endausschlags-SINAD (SINAD$_{FS}$) nach

$$\text{SINAD}_{\text{FS}} = \text{SINAD}_{\text{Mess}} + 20 \log \left(\frac{A_{\text{FS}}}{A} \right) \qquad (4.19)$$

und der System-ENOB nach Gleichung (2.29) berechnet werden. Anschließend kann mit

$$\left| \frac{\Delta Z}{Z_{\text{FS}}} \right| = \sqrt{ \left(\frac{\Delta U}{U_{\text{FS}}} \right)^2 + \left(\frac{\Delta I}{I_{\text{FS}}} \right)^2 } = \sqrt{ \left(\frac{1}{2^{ENOB_U}} \right)^2 + \left(\frac{1}{2^{ENOB_I}} \right)^2 } \qquad (4.20)$$

die Systemauflösung abgeschätzt werden.

---

[30] Laut Datenblatt hat der verwendete ADC einen typischen SINAD von 74,5 dB bzw. einen ENOB von 12,1 bit; die Ergebnisse profitieren durch den Prozessgewinn der FFT (siehe Kapitel 2.5.4).

Mit dem minimalen ENOB von 13,5 bit ergibt sich für Sinusanregung eine geschätzte relative Auflösung ($|(\Delta \underline{Z})/(\underline{Z}_{FS})|$) von 122 ppm, korrespondierend zu einer absoluten Auflösung ($|\Delta \underline{Z}|$) von ca. 7 mΩ im Messbereich ($|\underline{Z}_{FS}|$) bis 58 Ω und ca. 386 mΩ für den Messbereich bis 3,2 kΩ. Für Chirp-Anregung ergibt sich eine relative Auflösung aufgrund des nicht konstanten Spektrums (siehe Kapitel 2.3.3), variierend über die Frequenz von 397 ppm bis 1202 ppm. Die absolute Auflösung bei der Chirp-Anregung beträgt ca. 23 mΩ bis 70 mΩ für den Messbereich bis 58 Ω und ca. 1,3 Ω bis 3,8 Ω für den Messbereich bis 3,2 kΩ. Für eine weitere Erhöhung der Auflösung lässt sich aufgrund der hohen Anzahl der ISPS anschließend noch eine Mittelwertbildung über eine definierte, kurze Zeitspanne durchführen. Dies führt dazu, dass langsame Impedanzänderungen im Bereich von einigen Hertz bei einer Höhe von wenigen $\pm$ 10 mΩ noch ausreichend genau spektroskopisch gemessen und aufgelöst werden können (siehe Kapitel 4.8.3).

Die Ergebnisse sind vielversprechend und profitieren von der 1024-Punkte-FFT und dem eingebrachten Prozessgewinn von ca. 27 dB (korrespondierend zu 4,5 bit, siehe Gleichungen (2.31) und (2.29)). Der SINAD wird allerdings durch die niedrigere Energie der Chirp-Amplitude (A) im Vergleich zur Sinus-Anregung um 10 % bis 20 % von der Endausschlagsamplitude (A_{FS}) reduziert. Dies führt nach Gleichung (2.25) zu einer Einbuße beim SINAD von 10 dB bis 19 dB, korrespondierend zu 1,7 bit bis 3,3 bit.

4.7.3 Der Einfluss des FIR-Filters vor der FFT

Wie in Kapitel 4.2 beschrieben, können die Eingangsdaten der FFT mit einem optionalen FIR-Filter vorgefiltert werden. Abbildung 4.13 zeigt die gemittelten Spektren von Strom und Spannung mit eingeschaltetem Filter und ohne eingeschalteten Filter. Aufgrund der guten Glättungseigenschaften und der einfachen Implementierung [114] wird ein nicht rekursiver Gleitender Mittelwert über 16 Abtastwerte verwendet.

4.7 Systemverifikation

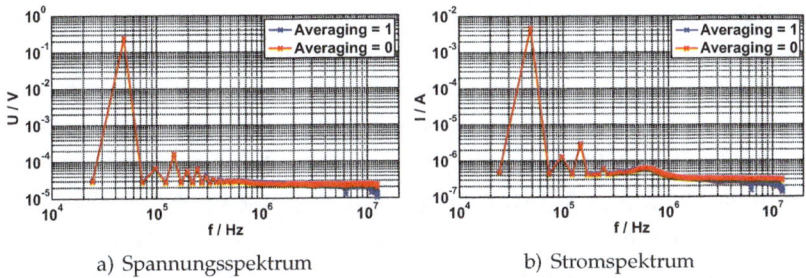

a) Spannungsspektrum   b) Stromspektrum

Abbildung 4.13: *Vergleich der Mittelwertspektren bei aktiviertem und deaktiviertem gleitendem Mittelwertfilter. Die Spektren sind über 30 Sekunden an einem 50-Ω-Widerstand bei 48,428 kHz und 5 mA gemessen.*

Es ist deutlich zu erkennen, wie durch den Eingangsfilter das Rauschniveau für höhere Frequenzen abgesenkt wird. Wie in Kapitel 2.5.4 vorgeschlagen, ist der Filter standardmäßig aktiviert, um bereits vor der FFT zu einem Absenken der Rauschenergie und damit zu einem stabilen Messergebnis beizutragen.

4.7.4 Kalibrierung

Da das Messsystem durch Abweichung der realen Systemfunktion von der theoretischen Systemfunktion mit einer systematischen Messunsicherheit behaftet ist, muss es kalibriert werden, um die systematische Messunsicherheit korrigieren zu können. Die Kalibrierung muss dabei für alle 16 möglichen Messbereiche erfolgen. Auf eine Kalibrierung der Temperaturabhängigkeit wird hingegen verzichtet, da das BMS nach einer Aufwärmzeit von 10 Minuten ausschließlich bei Raumtemperatur betrieben wird und daher von einer konstanten Temperatur der Halbleiter ausgegangen werden kann.

Die durchgeführte Kalibrierung basiert auf der Impedanzmessung $\underline{Z}_M$ von 47 verschiedenen Widerständen (Z_0) zwischen $1\,\Omega$ und $3\,\mathrm{k}\Omega$, welche mit einer Genauigkeit von 0,1 % bekannt sind. Die Kalibrierung erfolgt zudem mit den gleichen Koaxial-Kabeln wie beim Messbetrieb, um die Auswirkungen der Kabel mit in die Kalibrierung aufzunehmen. Abbildung 4.14 zeigt ein beispielhaftes Ergebnis der durchgeführten Betrags- und Phasenkalibrierung im Messbereich bis 250 Ω zwischen 24,4 kHz und 513 kHz. Dargestellt sind der Kalibrierungsfaktor $|Z_0|/|\underline{Z}_M|$ sowie die absolute Phasenabweichung ϕ in Abhängigkeit von der Frequenz f und dem Kalibrierwiderstand. Die einzelnen Stützstellen stellen den Mittelwert von 3480 Einzelmessungen, aufgezeichnet über 1 s, dar. Zwischen den Stützstellen wird linear interpoliert. Die Darstellung zeigt, dass die Kalibriermatrix mit Ausnahmen bei kleinen Widerständen und hohen Frequenzen, wo die Auswirkungen der Streukapazitäten und der kleinen Signalenergie dominieren, relativ konstant ist. Diese Abweichungen bei kleinen Widerständen wird im folgenden Kapitel näher untersucht.

4.7.5 Verbesserung der Schirmung

Bei der Untersuchung der auffällig starken Änderung der Kalibierfunktion bei kleinen Lastimpedanzen stellte sich heraus, dass eine induktive Kopplung von den stromführenden Koaxial-Kabeln in die Spannungsmesskabel stattfindet. Zum Nachweis dieses Effekts wurde ein 0-Ω-Widerstand in Vier-Leitertechnik an das BMS angeschlossen und die jeweiligen Strom- und Spannungsspektren aufgezeichnet. Nach Identifizierung des Problems wurden die benutzten RG174 Koaxial-Kabel für die Stromeinspeisung mit einem zusätzlichen leitfähigen Schirm (WE-ST 30502 von Würth-Elektronik) und einem Silikonschlauch als Berührungsschutz überzogen. Im zusätzlichen zweiten Schirm wurde anschließend ein Gegenstrom erzeugt, der das entstehende Magnetfeld um den Leiter kompensiert. Abbildung 4.15 zeigt eine Vergleichsmessung der verschiedenen Schirmkonfigurationen. Gemessen wurde über eine Sekunde im bestmöglichen Messbereich bei

4.7 Systemverifikation

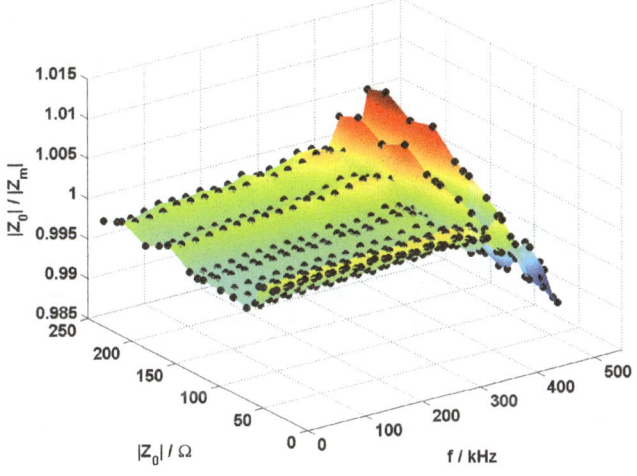

a) Darstellung der Kalibriermatrix für den Betrag.

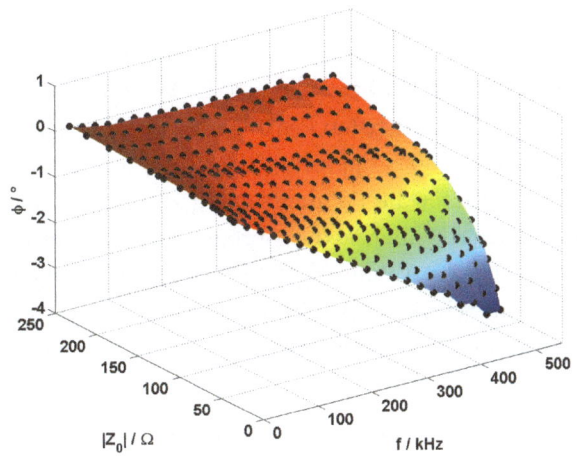

b) Darstellung der Kalibriermatrix für die Phase.

Abbildung 4.14: Beispielhafte Kalibriermatrix für $|Z|$ und ϕ für Impedanzen bis 290 Ω in einem Frequenzbereich von 24,4 kHz bis 500 kHz. Die Messwerte für die Kalibriermatrix wurden jeweils über 1 s bei 3480 ISPS mit Chirp-Anregung und einem Strom von 5 mA aufgenommen.

Chirp-Anregung und einem Anregungsstrom von 5 mA. Zu sehen sind jeweils die gemittelten Spektren aus 3480 Einzelmessungen.

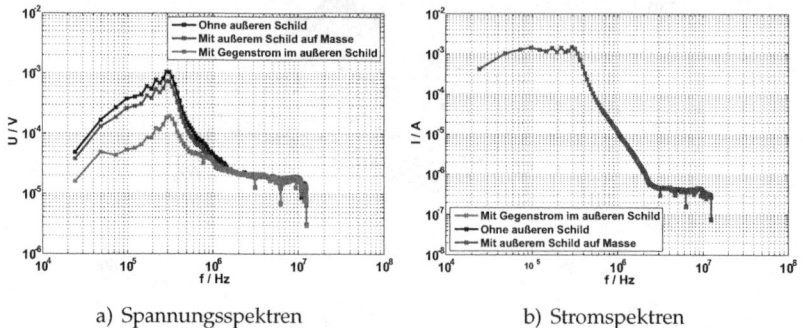

a) Spannungsspektren b) Stromspektren

Abbildung 4.15: *Vergleich der unterschiedlichen Schirmungsvarianten. Der Störpegel bei 300 kHz nimmt durch den Gegenstrom im Schirm um ca. 14 dB ab.*

Deutlich in Abbildung 4.15 a) zu sehen ist die Verringerung der Störpegel um ca. 14 dB für den höchsten Peak bei ca. 300 kHz. Der abgebildete Verlauf lässt sich durch das Spektrum des Anregungsstroms erklären. Der Einfluss nimmt über die Frequenz stetig zu und nimmt erst ab ca. 300 kHz ab, wo auch die Energie des Anregungsspektrums absinkt (siehe Abbildung 2.7). Aus Abbildung 4.15 b) ist zudem erkennbar, dass der Gegenstrom im Schirm keinen bzw. einen vernachlässigbar kleinen Einfluss auf den eingespeisten Anregungsstrom hat.

4.7.6 Langzeitstabilität und Standardabweichungen

Zur Verifikation der Langzeitstabilität des BMS wurden verschiedene Messungen mit unterschiedlichen Widerständen und PGA-Einstellungen über Zeiträume von jeweils 60 Minuten durchgeführt. Während dieser Zeit konnten weder Betrags- und Phasendrifts beobachtet werden [61].

4.7 Systemverifikation

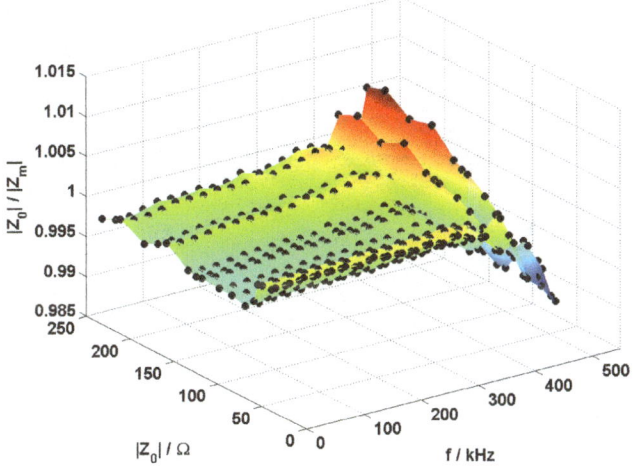

a) Darstellung der Kalibriermatrix für den Betrag.

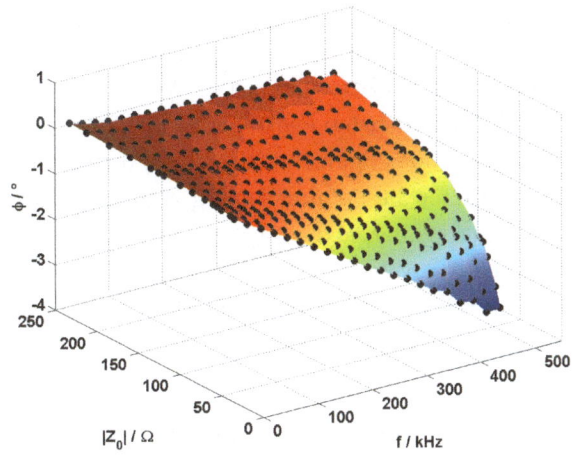

b) Darstellung der Kalibriermatrix für die Phase.

Abbildung 4.14: *Beispielhafte Kalibriermatrix für $|Z|$ und ϕ für Impedanzen bis 290 Ω in einem Frequenzbereich von 24,4 kHz bis 500 kHz. Die Messwerte für die Kalibriermatrix wurden jeweils über 1 s bei 3480 ISPS mit Chirp-Anregung und einem Strom von 5 mA aufgenommen.*

Chirp-Anregung und einem Anregungsstrom von 5 mA. Zu sehen sind jeweils die gemittelten Spektren aus 3480 Einzelmessungen.

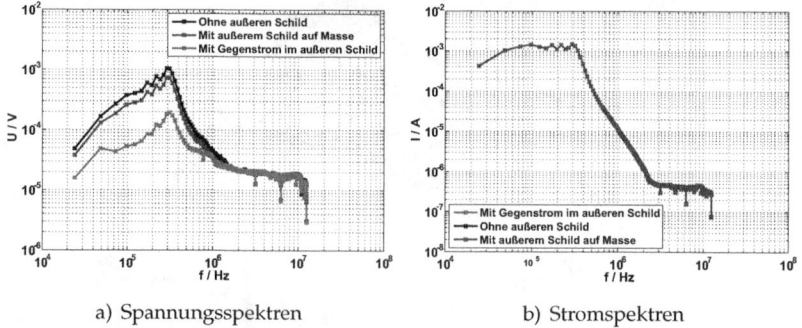

a) Spannungsspektren b) Stromspektren

Abbildung 4.15: *Vergleich der unterschiedlichen Schirmungsvarianten. Der Störpegel bei 300 kHz nimmt durch den Gegenstrom im Schirm um ca. 14 dB ab.*

Deutlich in Abbildung 4.15 a) zu sehen ist die Verringerung der Störpegel um ca. 14 dB für den höchsten Peak bei ca. 300 kHz. Der abgebildete Verlauf lässt sich durch das Spektrum des Anregungsstroms erklären. Der Einfluss nimmt über die Frequenz stetig zu und nimmt erst ab ca. 300 kHz ab, wo auch die Energie des Anregungsspektrums absinkt (siehe Abbildung 2.7). Aus Abbildung 4.15 b) ist zudem erkennbar, dass der Gegenstrom im Schirm keinen bzw. einen vernachlässigbar kleinen Einfluss auf den eingespeisten Anregungsstrom hat.

4.7.6 Langzeitstabilität und Standardabweichungen

Zur Verifikation der Langzeitstabilität des BMS wurden verschiedene Messungen mit unterschiedlichen Widerständen und PGA-Einstellungen über Zeiträume von jeweils 60 Minuten durchgeführt. Während dieser Zeit konnten weder Betrags- und Phasendrifts beobachtet werden [61].

4.7 Systemverifikation

Abbildung 4.16 zeigt die beispielhafte Standardabweichung von Betrag und Phase einer 30-minütigen Impedanzmessung mit 100 ISPS an einem 250-Ω-Widerstand über einen Frequenzbereich von 24,4 kHz bis 513 kHz bei Chirp-Anregung und einer Amplitude von 5 mA.

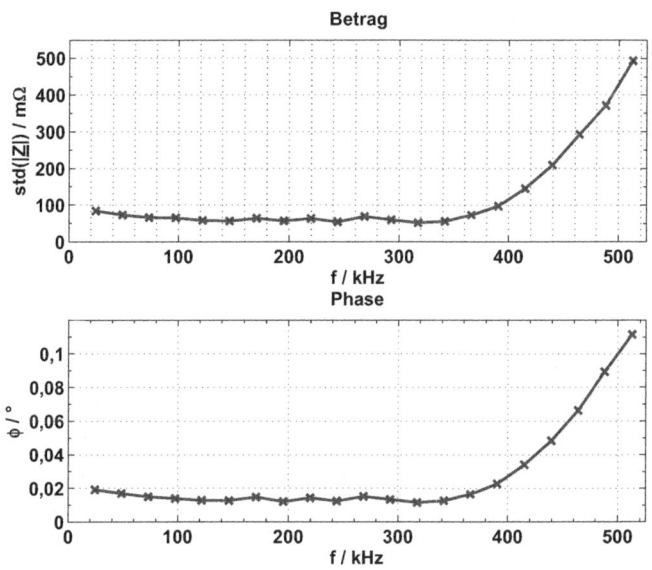

Abbildung 4.16: *Standardabweichung einer 30-minütigen Langzeitmessung mit 100 ISPS an einem 250 Ω Widerstand über einen Frequenzbereich von 24,4 kHz bis 513 kHz mit Chirp-Anregung und einer Amplitude von 5 mA.*

Das Ergebnis zeigt eine Standardabweichung für den Betrag kleiner 100 mΩ bis 391 kHz und kleiner als 500 mΩ bis 513 kHz. Die korrespondierende Standardabweichung für die Phase liegt bei 0,025° bis 391 kHz und 0,115° bis 513 kHz. Der Anstieg der Standardabweichungen oberhalb von 350 kHz kann mit den Eigenschaften des verwendeten Chirps erklärt werden, dessen Energie zu 97,5 % im Frequenzbereich zwischen 24 kHz und 391 kHz konzentriert ist (siehe Kapitel 2.3.3). Die maximale relative Abweichung des Betrags lag dabei deutlich unter ± 0,2 % bis

391 kHz und deutlich unter ± 0,9 % bis 513 kHz. Die maximale absolute Phasenabweichung betrug weniger als ± 0,1° bis 391 kHz und weniger als ± 0,55° bis 513 kHz.

4.8 Messungen

Um das entwickelte BMS weiter zu testen, werden einige Demonstrationsmessungen durchgeführt. Die Messungen sind aufgeteilt in statische und dynamische Messungen an Phantomen und Probanden.

4.8.1 R + R ∥ C – Phantom

Um die Kalibrierung zu verifizieren und um sicherzustellen, dass die Kalibrierung an Widerständen auch für komplexe Impedanzen valide ist, wurde ein $R + R \| C$-Phantom – wie in Abbildung 4.17 zu sehen – mit Chirp-Anregung bei einem Anregungsstrom von 5 mA im Frequenzbereich von 24,4 kHz bis 513 kHz vermessen. Die Werte wurden dabei so gewählt, dass diese den späteren zu erwartenden Gewebeimpedanzen entsprechen (siehe Kapitel 2.2).

Die Messergebnisse mit und ohne Kalibrierung sind in Abbildung 4.18 zusammen mit den theoretischen Werten[31] zu sehen. Die gemessene Standardabweichung über 3480 Messungen, gemessen über 1 s, ist zwischen 6,9 mΩ und 69,9 mΩ für den Betrag und zwischen 0,02° und 0,22° für die Phase über den kompletten Frequenzbereich. Da die entsprechenden Fehlerbalken in die Strichstärke fallen würden, sind diese nicht dargestellt. Die verbleibende „Lücke" zwischen der kalibrierten Messung und den theoretischen Werten (maximal 570 mΩ und 0,6° bei 488 kHz) kann durch die Kontaktimpedanzvariationen zwischen den kleinen benutzten Surface Mounted Device (SMD)-Komponenten und

---

[31] Die realen Bauteilwerte wurden mit einem Wayne Kerr Precision Component Analyser 6425 bei 1 kHz mit einer Messunsicherheit von maximal 0,1 % gemessen.

4.8 Messungen

den relativ großen Krokodilklemmen des Referenzmessgeräts erklärt werden.

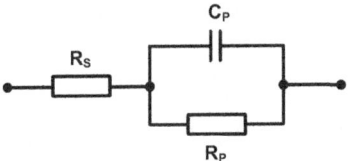

Abbildung 4.17: *Benutztes $R + R \| C$-Phantom mit $R_S = 20{,}2\,\Omega$, $R_P = 20{,}4\,\Omega$ und $C_P = 149\,nF$. Die Werte wurden mit einer Präzisionsmessbrücke bei 1 kHz mit einer Messunsicherheit von maximal 0,1 % bestimmt.*

4.8.2 Bioimpedanzmessung an einer Kartoffel

Nachdem gezeigt werden konnte, dass das BMS mit der ausgeführten Kalibrierung zufriedenstellend funktioniert, soll nun die Tauglichkeit für Messungen an biologischen Proben dargestellt werden. Zu diesem Zweck wurde in einer Langzeitmessung über 25 Minuten das komplexe Impedanzspektrum einer kochenden Kartoffel gemessen. Die untersuchte Kartoffel hatte ein Gewicht von 197 g und wurde in einem mit Leitungswasser gefüllten Becherglas gekocht, welches mit einem Bunsenbrenner erhitzt wurde [61].

Die Impedanzmessung wurde mittels Vier-Elektroden-Messung mit Chirp-Anregung und einer Amplitude von 1,25 mA durchgeführt. Dabei wurde das Impedanzspektrum mit 108,7 ISPS in 16 Schritten zwischen 24.4 kHz und 391 kHz ausgewertet. Gemessen wurde mit Elektroden aus rostfreiem Stahl mit einer Größe von $35 \times 5 \times 0{,}05\,mm^3$, die mit einem Abstand von 15 mm, 30 mm tief in die Kartoffel gestochen wurden. Um das Verhalten über die Temperatur beobachten zu

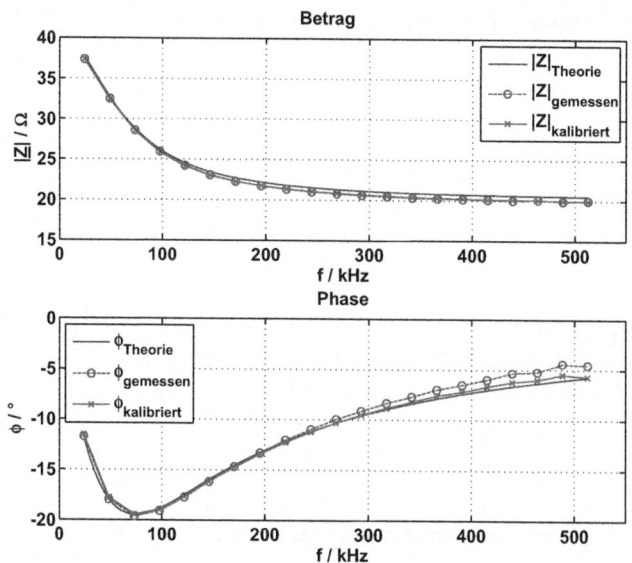

Abbildung 4.18: *Messergebnis mit Chirp-Anregung bei 5 mA des $R + R \| C$-Phantoms, verglichen mit den theoretischen Werten über einen Frequenzbereich von 24,4 kHz bis 510 kHz. Die gemessene Standardabweichung liegt zwischen 6,9 mΩ und 69,9 mΩ für den Betrag und von 0,02° bis 0,22° für die Phase.*

können, wurde gleichzeitig die Temperatur[32] innerhalb der Kartoffel gemessen.

Die Abbildungen 4.19 und 4.20 zeigen die Messergebnisse für Temperatur, Betrag und Phase über die Zeit und über die Frequenz. Die Abbildungen zeigen das erwartete Verhalten während des Kochens. Der Betrag der Impedanz fällt aufgrund des kapazitiven Verhaltens der Zellmembranen über die Frequenz ab. Mit zunehmender Temperatur und Kochzeit werden die Zellmembranen zerstört und die Impedanz der

---

[32] Die Temperatur wurde mit einem Fluke 179 in Kombination mit einem Fluke 80BK Thermocouple Type K mit einer Messunsicherheit von weniger als ± 2,5 °C gemessen.

4.8 Messungen

Kartoffel wird fast ausschließlich resistiv, wie im Phasendiagramm zu sehen ist. Der offensichtliche Unterschied zwischen Temperatur und Impedanzänderung ist höchstwahrscheinlich mit dem Temperaturgradienten zwischen den inneren und äußeren Lagen der Kartoffel erklärbar, da die Temperatur nur an einem Punkt innerhalb der Kartoffel gemessen wurde.

4.8.3 Messungen zur zeitlich veränderlichen Bioimpedanz

Um die Nutzbarkeit des BMS zur Messung von sehr kleinen schnellen Impedanzänderungen zu zeigen, wurde eine Messung der mit der Herztätigkeit korrelierten Impedanzänderung des Unterarmgewebes durchgeführt. Die Messung wurde mittels Vier-Elektrodenverfahren und Standard Silber-Silberchlorid-EKG-Elektroden (Kendall Medi-Trace Mini 100 Snap Electrode) am linken ventralen Unterarm eines gesunden männlichen Probanden durchgeführt. Die Elektroden hatten eine Abstand von ca. 70 mm zwischen den inneren Spannungselektroden und ca. 140 mm zwischen den äußeren Stromelektroden. Die Messungen wurden mit einem nach der IEC60601-1 zertifizierten Netzteil (SINPRO – Modellnummer MPU31-102) durchgeführt [61].

Abbildung 4.21 zeigt die Durchschnittsimpedanz, gemessen über 5 s und 3480 ISPS bei Chirp-Anregung mit einer Amplitude von 5 mA. Die Ergebnisse sind wie erwartet. Der Impedanzbetrag nimmt von ca. 48 Ω bei 24,4 kHz zu ca. 36 Ω bei 391 kHz ab. Die Phase hat hingegen das charakteristische Minimum mit ca. -8° bei 50 kHz und erhöht sich über die Frequenz auf ca. -3° bei 391 kHz.

Abbildung 4.22 zeigt die Betrags- und Phasenvariation bei verschiedenen Frequenzen über die Zeit. Während sich der Betrag um ca. ± 50 mΩ ändert, ändert sich die Phase um ca. ± 0,015°. Die Signalform und die Amplitude scheinen darüber hinaus frequenzabhängig zu sein. Während die Signalform in Abbildung 4.22 relativ ähnlich zu der in [72] be-

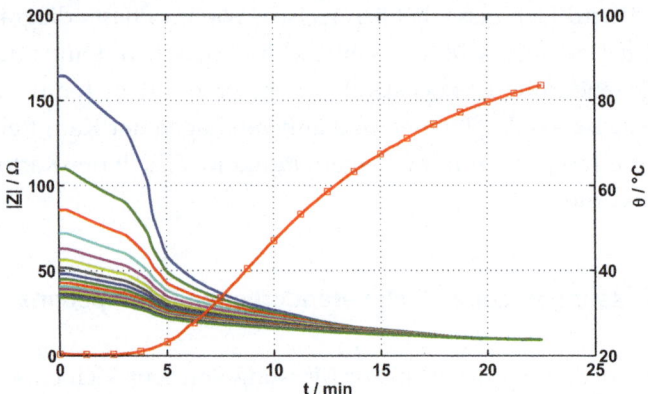

a) Beträge der Impedanz bei den 16 verschiedenen Frequenzen von 24,4 kHz (blau) bis 391 kHz (grün) und die Temperatur innerhalb der Kartoffel (rot mit Quadraten) während des Kochvorgangs.

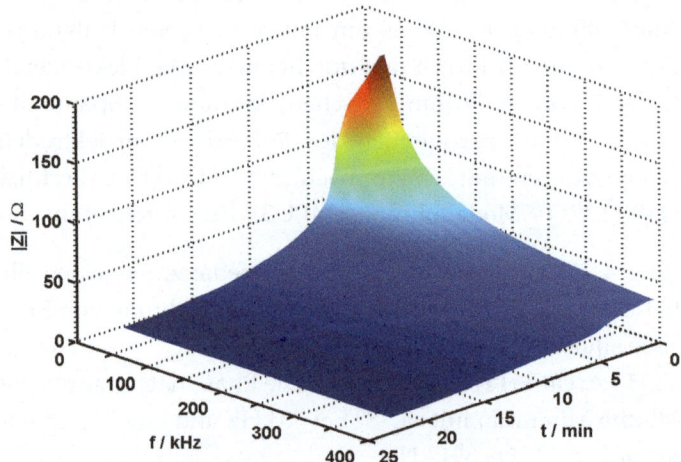

b) 3D-Darstellung des Impedanzbetrags über Zeit und Frequenz während des Kochvorgangs.

Abbildung 4.19: *2D- und 3D-Darstellung des Impedanzbetrags der gekochten Kartoffel. Die Ergebnisse wurden mit einem gleitenden Mittelwert mit einer Länge von 38,3 ms geglättet.*

4.8 Messungen

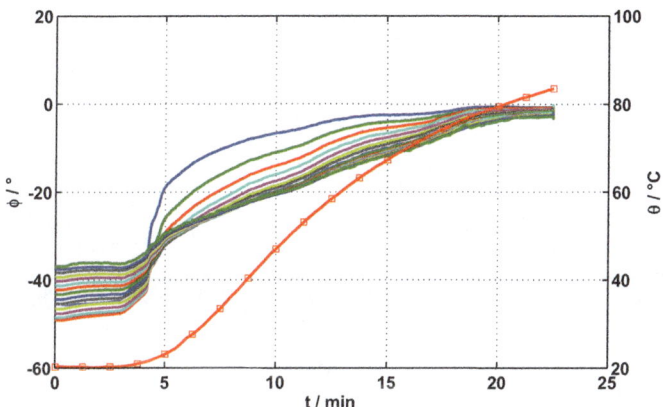

a) Phasenverläufe der Impedanz bei den 16 verschiedenen Frequenzen von 24,4 kHz (blau) bis 391 kHz (grün) und die Temperatur innerhalb der Kartoffel (rot mit Quadraten) während des Kochvorgangs.

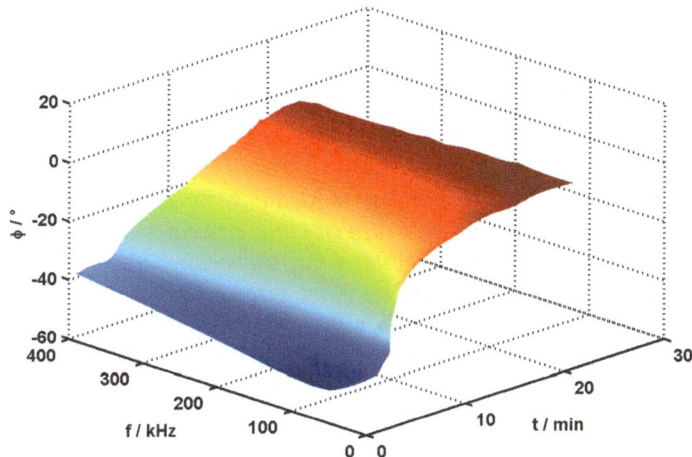

b) 3D-Darstellung des Phasenverlaufs über Zeit und Frequenz während des Kochvorgangs.

Abbildung 4.20: *2D- und 3D-Darstellung der Phase der gemessen Impedanz der Kartoffel während des Kochens. Die Ergebnisse wurden mit einem gleitenden Mittelwert mit einer Länge von 38,3 ms geglättet.*

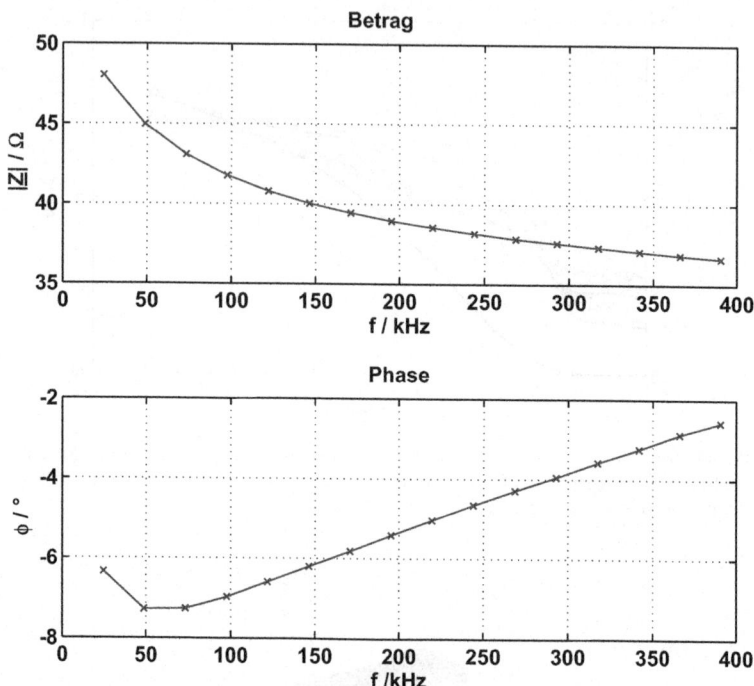

Abbildung 4.21: Gemitteltes Impedanzspektrum, gemessen über eine Zeit von 5 s bei 3480 ISPS auf dem linken ventralen Unterarm eines gesunden männlichen Probanden. Gemessen wurde mit Chirp-Anregung in einem Frequenzbereich von 24,4 kHz bis 391 kHz bei einer Stromamplitude von 5 mA. Die Standardabweichung des Betrags liegt zwischen 30,8 mΩ und 45,1 mΩ. Die Standardabweichung der Phase liegt zwischen 0,016° und 0,034°.

richteten ist, worin die Impedanzänderung über den Thorax gemessen wurde, ist die Impedanzänderung am Unterarm deutlich kleiner. Eine Phasenänderung wurde in [72] hingegen nicht berichtet.

4.8 Messungen

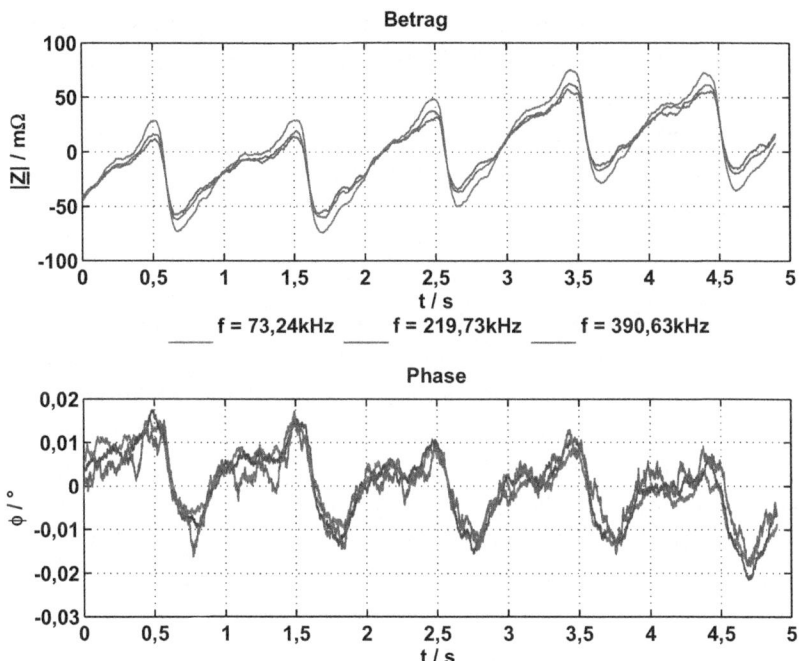

Abbildung 4.22: *Mittelwertbereinigte Impedanzänderung über die Zeit – gemessen auf dem linken ventralen Unterarm eines gesunden männlichen Probanden – über eine Zeit von 5 s bei 3480 ISPS mit Chirp-Anregung und einer Amplitude von 5 mA. Die Ergebnisse wurden mit einem gleitenden Mittelwert mit einer Länge von 50 ms geglättet.*

4.8.4 Erfassung von realen Elektroden-Haut-Übergangsimpedanzen (ESI)

Nachdem das BMS anhand verschiedener Anwendungen getestet wurde, werden nun Messungen der ESI durchgeführt. Da in der Literatur die Werte für die ESI hauptsächlich für Ag-AgCl-Elektroden bei Frequenzen bis ca. 100 Hz angegeben werden, wurde eine Studie im für Bioimpedanzmessungen interessanten Bereich von 12 kHz bis 293 kHz mit 18 verschiedenen Frequenzen durchgeführt [6,66]. Im Rahmen dieser Studie wurde zunächst der Einfluss von Stromdichte, Gewebeimpedanz und Hautvorbereitung auf die ESI an einem Probanden analysiert. Anschließend wurde die ESI von 15 Probanden gemischten Geschlechts im Alter von 26 bis 68 Jahren gemessen, um die Variation der ESI untersuchen zu können.

Die Messungen wurde am linken ventralen Unterarm mit kommerziell verfügbaren Kohlenstoff-Gummi-Elektroden (Carbon Electrode 573 und Reflex 690 von Uni-Patch Inc.) durchgeführt. Die Elektroden hatten eine Größe von 38 × 45 mm^2 und wurden mit einem Abstand von jeweils 20 mm auf der Haut fixiert und anschließend mit einem Verband manuell angedrückt. Alle Messungen wurden bei Raumtemperatur (ca. 20 °C) und bei einer relativen Feuchte von ca. 35 % durchgeführt. Abbildung 4.23 zeigt die Elektroden, angebracht auf der Haut eines Probanden.

Abbildung 4.23: *Foto der applizierten Elektroden auf der Haut. Über die Elektroden 1 und 4 wird der Strom eingespeist und über Elektroden 2 und 3 wird die Spannung gemessen; die Elektroden haben einen Abstand von jeweils ca. 20 mm.*

4.8 Messungen

Da die ESI nur indirekt durch eine Zwei-Elektrodenmessung ermittelbar ist, stellt sich die Frage, inwieweit die in Serie liegende Gewebeimpedanz (siehe Kapitel 2.2.1) Einfluss auf das Messergebnis nimmt. Abbildung 4.24 zeigt eine exemplarische Messung mit und ohne Kompensation der Gewebeimpedanz durch eine zusätzliche Vier-Elektrodenmessung zur Ermittlung der Gewebeimpedanz.

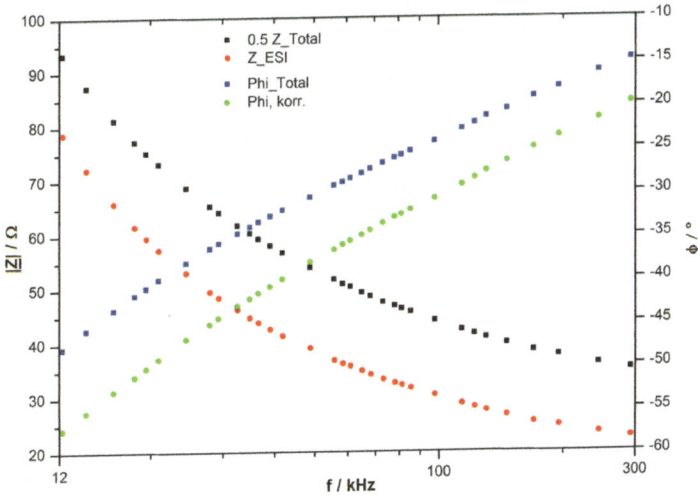

Abbildung 4.24: Einfluss der Kompensation der Gewebeimpedanz auf die ESI-Messung. Der Unterschied zwischen der kompensierten (rot, bzw. grün) und der nicht kompensierten (blau, bzw. schwarz) Messung beträgt mehr als 10 % des Betrages und mehr als 5° der Phase (entnommen aus [6]).

Die Messung zeigt, dass eine Kompensation der Gewebeimpedanz erforderlich ist, um eine genaue Bestimmung der ESI gewährleisten zu können. Der Unterschied zwischen der kompensierten und nicht kompensierten Messung beträgt mehr als 10 % des Betrages und mehr als 5° der Phase. Die ESI muss folglich durch zwei aufeinanderfolgende Messungen im Zwei- und Vier-Elektrodenverfahren nach

$$|Z_{ESI}| = \frac{|Z_{total}| - |Z_{Gewebe}|}{2} \qquad (4.21)$$

ermittelt werden.

Eine weitere zu klärende Frage ist die ESI-Abhängigkeit von der Stromdichte. Um einen maßgeblichen Einfluss auf das Messergebnis ausschließen zu können, wurde auch dazu eine Vormessung durchgeführt. Abbildung 4.25 zeigt das Ergebnis der messtechnischen Untersuchung mit Anregungsströmen von 125 µA bis 5 mA. Zu sehen sind jeweils drei Messungen pro Stromwert im Abstand von jeweils 5 min. Das Ergebnis zeigt, dass die Änderungen der ESI im Bereich der üblichen ESI-Varianz liegen (siehe Abbildung 4.27) und somit ein Einfluss der Stromdichte auf die ESI im Messbereich von 7 µA/cm² bis 300 µA/cm² vernachlässigbar klein ist.

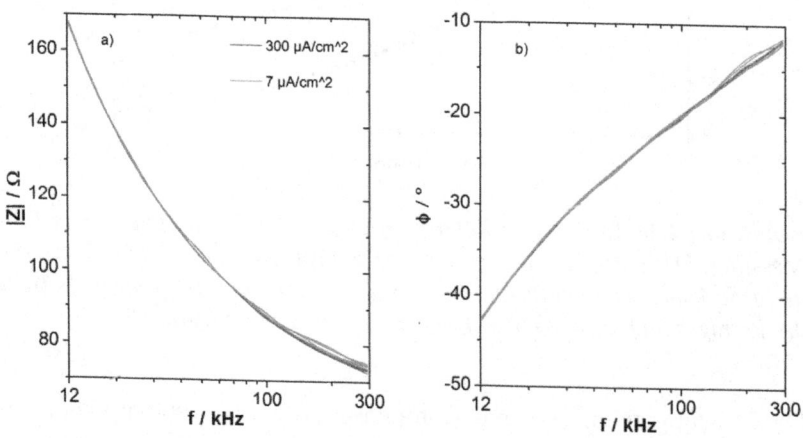

Abbildung 4.25: *Messung zur Stromdichteabhängigkeit im Bereich von 7 µA/cm² bis 300 µA/cm², durchgeführt mit Carbon Electrode 573 von Uni-Patch Inc. Zu sehen sind jeweils drei Messungen pro Stromwert in einem Abstand von jeweils 5 min.*

4.8 Messungen

Eine weitere vorbereitende Fragestellung ist, welchen Einfluss die Zeit und die Vorbereitung der Haut auf die ESI haben. Hierfür wurden drei verschiedene ESI-Messungen mit unterschiedlichen Vorbereitungen bzw. unterschiedlichen Elektroden über jeweils drei Stunden an einem Probanden durchgeführt. Während in der ersten Messung die Elektrode auf unbehandelte und trockene Haut gelegt wurde, wurde die Haut in der zweiten Messung mit 0,9 % NaCl angefeuchtet. Im dritten Versuch wurden spezielle Gel-Elektroden (Reflex 690 von Uni-Patch Inc.) verwendet. Das Ergebnis der Vergleichsmessungen ist in Abbildung 4.26 zu sehen.

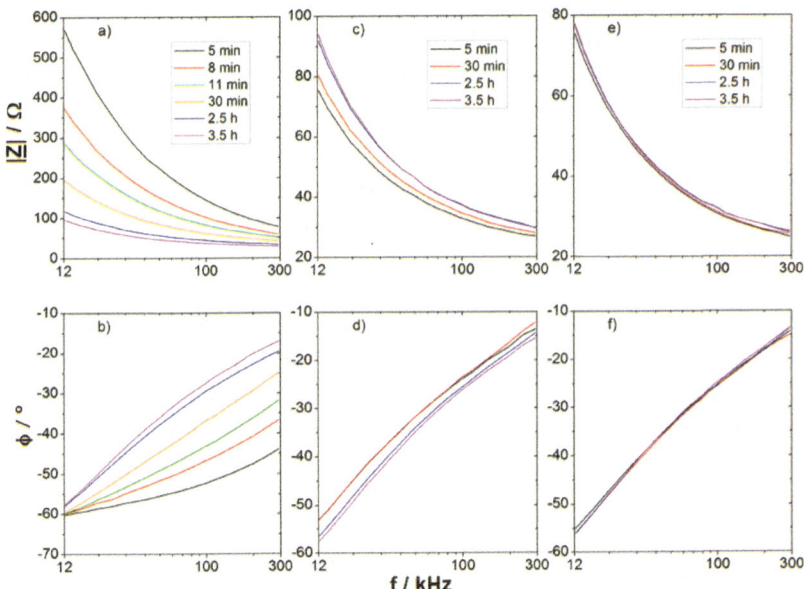

Abbildung 4.26: Einfluss der Hautvorbereitung auf die ESI – a), b) trockene Haut und trockene Elektroden (Carbon Electrode 573 von Uni-Patch Inc.), c), d) trockene Elektroden (Carbon Electrode 573 von Uni-Patch Inc.) und mit 0,9 % NaCl befeuchtete Haut sowie e), f) trockene Haut mit Gel-Elektroden (Reflex 690 von Uni-Patch Inc.)

Das Messergebnis zeigt, dass Betrag und Phase der ESI erwartungsgemäß jeweils über die Frequenz abnehmen. Weiterhin ist zu sehen, dass auch die Zeit nach Applizieren der Elektroden einen deutlichen Einfluss hat. Dieser nimmt allerdings ab, wenn die Haut vorher angefeuchtet wurde bzw. wenn Gel-Elektroden benutzt werden. So beträgt die Änderung bei 12 kHz zwischen 5 Minuten und 3,5 Stunden bei trockener Haut ca. 450 Ω, während bei angefeuchteter Haut bzw. mit Gel-Elektroden nur Änderungen von 20 Ω bzw. 3 Ω beobachtet werden konnten. Die Phasenvariation verhält sich entsprechend, wobei gerade bei trockener Haut die Variation zu hohen Frequenzen hin stark zunimmt. Dies kann durch den höheren Ersatz-Parallelwiderstand erklärt werden (siehe Abbildung 2.2). Die Änderungen der ESI über die Zeit sind höchstwahrscheinlich durch die Anreicherung von Wasser unter den Gummielektroden und somit mit zunehmendem Durchfeuchten der Haut zu erklären. Diese Überlegung wird durch die ähnlichen Endwerte der verschiedenen Messungen unterstützt, da sich ein Gleichgewicht einzustellen scheint. Die Gel-Elektroden scheinen hingegen das Feuchtigkeitsgleichgewicht weiter zu kleineren Impedanzen hin zu verschieben.

Basierend auf den Ergebnissen wurde eine Messung der ESI an 15 Probanden (11 männlich, 4 weiblich) im Alter zwischen 26 Jahren und 68 Jahren durchgeführt. Die Messungen wurden mit 0,9 % NaCl befeuchteter Haut 8 min nach dem Applizieren der Elektroden durchgeführt. Abbildung 4.27 zeigt das Ergebnis der Testserie.

Das Ergebnis zeigt Impedanzbeträge von 70 Ω bis 110 Ω bei 12 kHz und von 25 Ω bis 59 Ω bei 293 kHz, wobei die Phasen eine Variation von -63° bis -41° bei 12 kHz und von -19° bis -7° bei 293 kHz zeigten.

Zusammengefasst kann gesagt werden, dass eine zuverlässig kleine und stabile ESI von weniger als 80 Ω bei befeuchteter Haut oder Gel-Elektroden bereits nach kurzer Zeit erreichbar ist. Allerdings ist die interpersonale Varianz selbst bei dieser Vorbehandlung mit mehr als

4.9 Abschließende Bewertung

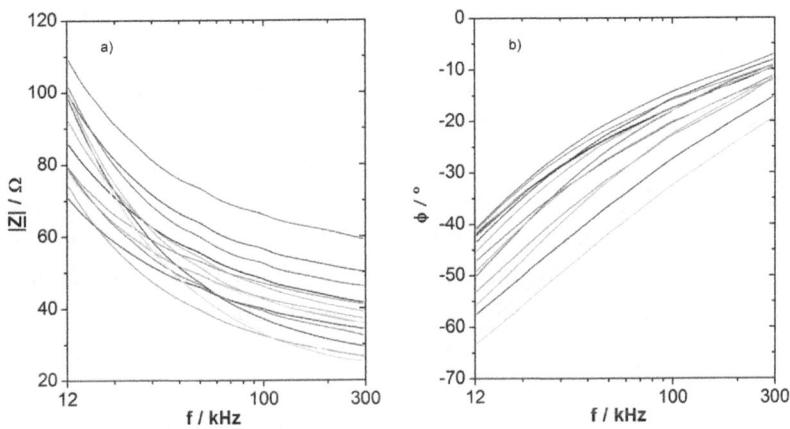

Abbildung 4.27: *ESI von 15 Probanden 8 Minuten nach Applizieren der Elektroden (Carbon Electrode 573 von Uni-Patch Inc.). Die Haut wurde mit 0,9 % NaCl befeuchtet.*

50 % relativ groß. Weiterhin konnte gezeigt werden, dass die Stromdichte im Bereich von 7 $\mu A/cm^2$ bis 300 $\mu A/cm^2$ keinen nennenswerten Einfluss auf die ESI hat. Diese Erkenntnis ist gerade in Anbetracht des Wunsches nach kleinen Elektroden für die Anwendung in der EIT von Vorteil.

Auch wenn die Ergebnisse der Messung sehr vielversprechend sind, wird bei der Entwicklung des zukünftigen EIT-Systems auf die Verwendung von Kunststoffelektroden verzichtet, da diese sich im Vergleich zu selbstklebenden Einmal-EKG-Elektroden vergleichsweise schwer an der Haut befestigen lassen.

4.9 Abschließende Bewertung

Es wurde gezeigt, dass das entwickelte BMS hochgenaue spektroskopische Bioimpedanzmessung bei einer hohen zeitlichen Auflösung von bis zu 3480 ISPS durchführen kann. Darüber hinaus ist das BMS höchst sensitiv und kann selbst kleinste Betrags- und Phasenänderungen von wenigen $m\Omega$ auflösen. So konnte nach der erforderlichen Kalibrierung experimentell gezeigt werden, dass das BMS Impedanzen in Messbereichen von 58 Ω bis 3,2 kΩ mit Anregungsströmen von bis zu 5 mA mit Messunsicherheiten von weniger als 1 % für den Betrag und weniger als 0,5° für die Phase in einem Frequenzbereich von 24,4 kHz bis 391 kHz sicher messen kann. Die erreichte Signalqualität ist mit einem SINAD von mehr als 83 dB sehr gut. Der daraus abgeleitete minimale System-ENOB von 13,5 bit ergibt für Sinusanregung eine geschätzte relative Auflösung ($|(\Delta \underline{Z})/(\underline{Z}_{FS})|$) von 122 ppm, korrespondierend zu einer absoluten Auflösung ($|\Delta \underline{Z}|$) von ca. 7 mΩ im Messbereich ($|\underline{Z}_{FS}|$) bis 58 Ω.

Die in der Anforderungsanalyse aufgestellten Forderungen (siehe Kapitel 4.1) sind somit vollständig erfüllt. Darüber hinaus wurde die entwickelte Firmware durch die abschließenden Messungen – genauso wie die Schnittstellen-Software auf PC-Seite – deutlich verbessert, sodass eine problemlose Übertragung auf das zu entwickelnde EIT-System erwartet wird. Als Verbesserung für die nachfolgende Entwicklung des EIT-Systems kann abgeleitet werden, dass viele Bioimpedanzen offensichtlich deutlich kleiner als 58 Ω sind (vgl. Abbildung 4.21). Dies wird mit der Einführung eines kleineren unteren Messbereichs berücksichtigt.

5 Mehrfrequenz-EIT-System

Nach der Beschreibung des Entwicklungszyklus des BMS erfolgt nun, wie in Kapitel 1.3 dargelegt, die Beschreibung von Entwicklung, Verifikation und Test des realisierten Mehrfrequenz-EIT-Systems, welches im Wesentlichen als Erweiterung des BMS aufgefasst werden kann. Die Verifikation des EIT-Systems erfolgt sowohl an Widerstands- als auch an Tankphantomen. Anschließend werden zur weiteren Demonstration der Funktionalität des Systems und zur Visualisierung des Atemzyklus eines Probanden Bilder der Leitwertverteilung innerhalb des Thorax aufgenommen, rekonstruiert und dargestellt.

5.1 Anforderungsanalyse

Ausgehend von den mit dem BMS gesammelten Erfahrungen soll das zu entwickelnde EIT-System in einem Frequenzbereich von ca. 10 kHz bis 500 kHz Impedanzen mit Chirp- und Sinusanregung messen können. Aufgrund des angestrebten Einsatzes für die Differenzbildgebung (siehe Kapitel 3.2.1) wird zudem eine möglichst hohe Wiederholgenauigkeit von besser als $\pm\, 0{,}1\,\%$ gefordert, auf eine hohe absolute Genauigkeit kann im Gegensatz zum BMS verzichtet werden. Für die messtechnische Verifikation wird dennoch eine absolute Genauigkeit des Messsystems von 1 % gefordert. Die Anzahl der Kanäle wird auf 16 festgelegt, wobei es möglich sein soll, Strom- und Spannungselektroden zu trennen. Das entsprechende Multiplexing muss flexibel sein und verschiedene Messprotokolle unterstützen. Der Hardwareaufbau sollte zudem portabel und kostengünstig produzierbar sein. Weiterhin wird angestrebt, dass der zu realisierende Prototyp mit wenig Entwicklungsaufwand in ein Produkt überführt werden könnte. Neben den funktionalen Anforderungen wird – wie beim BMS – die prinzipielle Einhaltung der Norm für die elektrische Sicherheit von Medizinprodukten (siehe Kapitel 2.6) gefordert.

Für die Rekonstruktion der Leitwertverteilung wird über die Verwendung von EIDORS auf den Stand der Technik zurückgegriffen (siehe Kapitel 3.4.2). EIDORS soll dabei neben der Rekonstruktion auch für die Erzeugung der Messmuster verwendet werden.

5.2 Grundlegende Systemarchitektur

Da die EIT als mehrkanalige Impedanzmessung verstanden werden kann, ähnelt die Systemarchitektur der des BMS mit einer Erweiterung um die benötigten Multiplexer (LTC1391 von Linear Technology). Im Zuge der Neuentwicklung wurde zudem die Stromversorgung weiter optimiert und sowohl der Compliance-Bereich der Stromquelle als auch die maximal zulässigen Eingangsspannungen durch eine Erhöhung der Versorgungsspannungen auf ± 6 V erhöht, welches in etwa der sicheren Betriebsspannungsgrenze der eingesetzten Multiplexer entspricht. Die Grenzfrequenz der LC-Filterschaltung für die Analogspannungen wurde zudem auf 4,8 kHz abgesenkt, um eine größere Störunterdrückung zu erreichen. Die in Kapitel 4.9 vorgeschlagene Erhöhung der Verstärkung, um kleinere Messbereiche zu ermöglichen, wurde mit einem zweiten, der Spannungsmessung in Serie geschalteten PGA realisiert. Diese Serienschaltung führt zu einer Erhöhung der Anzahl der Spannungsmessbereiche gegenüber dem BMS auf nun neun verschiedene Messbereiche[33]. Um eine höhere Genauigkeit ohne Kalibrierung zu erreichen, wurden zusätzlich alle Filter und Verstärker mit Widerständen mit 0,1 % Toleranz bzw. mit Keramikkondensatoren der Klasse 1 mit kleinen Toleranzen aufgebaut. Abbildung 5.1 zeigt das Blockschaltbild des entwickelten FPGA-basierten Mehrfrequenz-EIT-Systems.

Wie beim BMS erfolgt die Steuerung über den Steuerungscomputer via USB. Das Embedded System wird zusammen mit den Multiplexern von einem Soft-Mikrocontroller im FPGA kontrolliert. Das Messobjekt

---

[33] $U_{max} = \{2,937\,\text{V}; 1,468\,\text{V}; 734\,\text{mV}; 587\,\text{mV}; 294\,\text{mV}; 147\,\text{mV}; 117\,\text{mV}; 59\,\text{mV}; 29\,\text{mV}\}$

5.2 Grundlegende Systemarchitektur

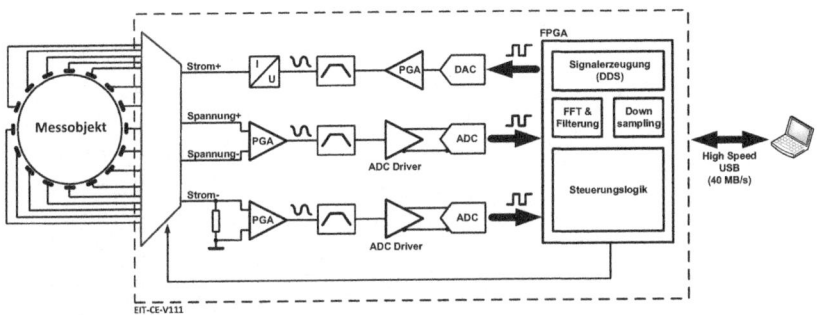

Abbildung 5.1: *Blockschaltbild des entwickelten Mehrfrequenz-EIT-Systems (der Einfachheit halber ist nur ein PGA für die Spannungsmessung dargestellt).*

ist über einen 32-zu-4-Multiplexer mit der Stromquelle sowie mit der Spannungsmessung verbunden. Die Erzeugung des Anregungssignals erfolgt analog zum BMS in einer Kombination aus digitaler Logik, programmierbarer Verstärkung und einer VCCS (siehe Kapitel 4.3). Im Gegensatz zum BMS wird allerdings der Complaince-Bereich durch die verwendeten Multiplexer eingeschränkt, da der Durchgangswiderstand der Multiplexer R_{ON} von bis zu $75\,\Omega$ einen maximalen zusätzlichen Spannungsabfall von $I_{max} \cdot 2 \cdot R_{ON} = 750\,\text{mV}$ verursacht (siehe Kapitel 3.3.2). Abbildung 5.2 zeigt die möglichen maximal messbaren Impedanzen $|Z|$ für die 64 unterschiedlichen Anregungsströme (siehe Kapitel 4.3) mit dem minimal garantierten Compliance-Bereich U_{comp} der Stromquelle.

Abbildung 5.3 zeigt eine bestückte Platine des Mehrfrequenz-EIT-Systems ohne Kabel und ohne Gehäuse. Wie beim BMS ist der Digitalteil vom Analogteil räumlich getrennt, um Störeinkopplungen zu vermeiden. Der FPGA befindet sich als zentrales Element mittig auf der Platine. Die vierlagige Platine hat eine Größe von ca. $142 \times 110\,\text{mm}^2$ und besteht aus über 400 Komponenten. Die Datenübertragung zum Steuerungscomputer erfolgt wie beim BMS über USB. Extern wird

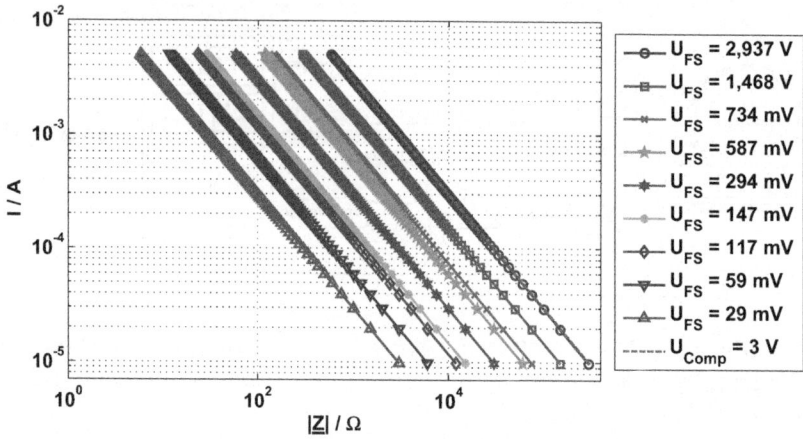

Abbildung 5.2: Mögliche maximal messbare Impedanzen $|Z|$ für die 64 unterschiedlichen Anregungsströme zusammen mit dem minimal garantierten Compliance-Bereich der Stromquelle.

das EIT-System mit einem für Medizinprodukte zugelassenen Netzteil versorgt. Die Verbindung der 16 Strom- und Spannungskanäle mit den Elektroden erfolgt über eine Kombination von Flachbandverbindern und -kabeln (siehe Abbildung 5.3, rechts). Wobei die oberen beiden Flachbandverbinder für die Spannungsmessung und die unteren beiden für die Stromeinspeisung genutzt werden. Durch die Trennung von Strom- und Spannungselektroden (Vierleiter-Technik) haben die Kontaktimpedanzen der Flachbandkabel und -verbinder nur einen vernachlässigbar kleinen Einfluss auf das Messergebnis. Das Layout der Platine ist zudem so ausgelegt, dass die Stromquelle und Strommessung sowie die entsprechenden Flachbandverbinder direkt nebeneinanderliegen, um die Fläche der Stromschleife klein zu halten und somit eine Einkopplung in die Spannungsmessung zu vermeiden. Für eventuelle zukünftige Erweiterungen sind zwei digitale Schnittstellen mit jeweils 11 frei programmierbaren Ein- und Ausgängen vorgesehen. Weiterhin existiert eine externe Spannungsversorgung von

5.2 Grundlegende Systemarchitektur

± 6 V, welche einen maximalen Strom von ca. ± 100 mA zur Verfügung stellen kann, um diese Erweiterungen direkt versorgen zu können.

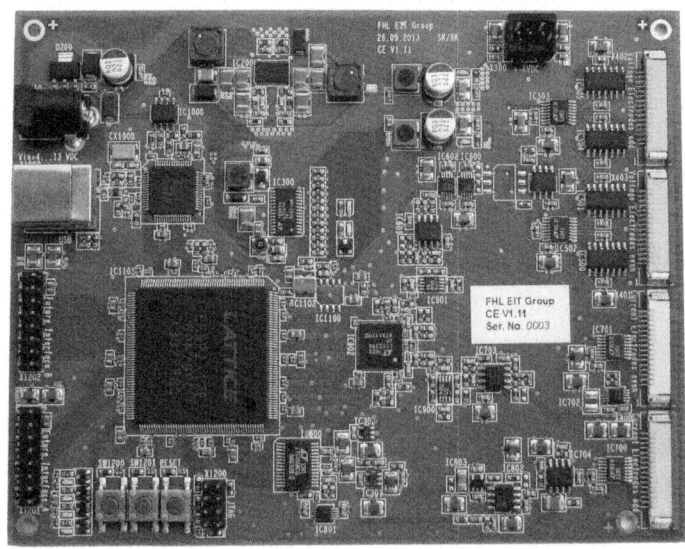

Abbildung 5.3: Foto der bestückten vierlagigen Platine des entwickelten Mehrfrequenz-EIT-Systems. Die Platine hat eine Größe von ca. 142 × 110 mm^2 und besteht aus über 400 Komponenten.

Die Softwarearchitektur des EIT-Systems ist im Wesentlichen die gleiche wie beim BMS, sodass weite Teile der entwickelten Software übernommen werden können. Erweiterungen sind hauptsächlich im Pakethandling entstanden, um zielgerichtet einzelne Messungen zu bestimmten Zeiten durchführen und übertragen zu können. Weiterhin wurde ein Multiplexer-Modul zur Steuerung der Multiplexer geschrieben und – unter Ausnutzung verbleibender Ressourcen im FPGA – die Rechenauflösung des FFT-Moduls von 16 bit auf 18 bit erhöht. Die Erhöhung der Rechenauflösung führt dabei zu einer Verringerung des maximalen Rundungsfehlers um den Faktor 4, was theoretisch zu einer Reduzierung der Rauschzahl der FFT-Berechnung und damit zu einer

Verbesserung des System-SINAD führt. Die eigentliche Steuerung des EIT-Systems erfolgt wie beim BMS über die Schnittstellensoftware mit dem entwickelten MATLAB-Framework (siehe Kapitel 4.6). Das Messprotokoll wird dabei von EIDORS erzeugt und durch das entwickelte Framework so verarbeitet, dass das EIT-System damit steuerbar ist. Die eigentliche Rekonstruktion der Leitwertverteilung erfolgt, wie in Kapitel 5.1 gefordert, auf dem Steuerungscomputer mittels EIDORS.

5.3 Multiplexing

Um das Multiplexing einfach und leistungsfähig zu halten, ist es so ausgelegt, dass Elektroden mit gerader Nummer (positive, siehe Abbildungen 5.4 und 5.5) nur gegen Elektroden mit ungerader Nummer (negative) verschaltet werden können. Durch diese Einschränkung vereinfacht sich das Multiplexing so, dass nur vier 1-aus-8-Multiplexer[34] für die jeweils 16 Strom- und Spannungskanäle benötigt werden. Das Multiplexing erlaubt so – neben der Einspeisung über benachbarte und über gegenüberliegende Elektroden – auch das in [2] vorgeschlagene modifizierte Messprotokoll (siehe Kapitel 3.2.2). Die Abbildungen 5.4 und 5.5 zeigen das implementierte Spannungsmessungs- und Stromeinspeisungs-Multiplexing.

Die einzelnen Spannungsmesskanäle sind durch Spannungsfolger (OPA4134 von Texas Instruments) von den Eingangskapazitäten der Multiplexer[35] (siehe Kapitel 3.3.2) so entkoppelt, dass diese nicht zu einer Erhöhung der parasitären Eingangskapazitäten des EIT-System beitragen. Die an den Spannungsfolgern anliegende Gleichtaktspannung führt allerdings wie beim BMS trotz ihres CMRR (ca. 40 dB bei

---

[34] jeweils zwei für Spannungsmessung und Stromeinspeisung
[35] Lt. Datenblatt des LTC1391 und internen Angaben von Linear Technology $C_{D(off)} \approx 20\,\text{pF}$, $C_{S(off)} \approx 5\,\text{pF}$, $C_{DS(on)} \approx 30\,\text{pF}$, $R_{ON(max)} = 75\,\Omega$, $t_{on(max)} < 400\,\text{ns}$, $t_{off(max)} < 200\,\text{ns}$ bei VCC = $\pm\,5\,\text{V}$

5.3 Multiplexing

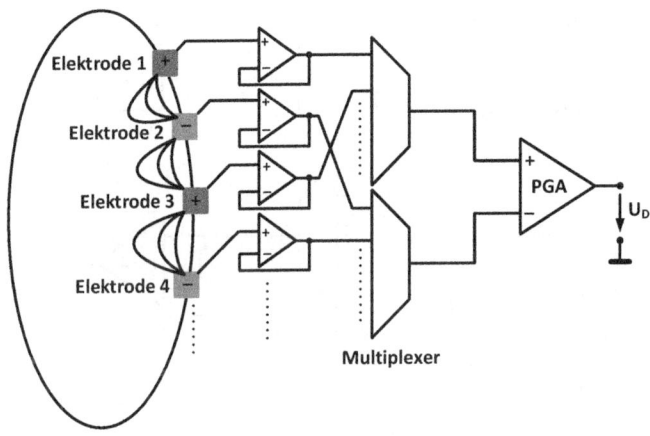

Abbildung 5.4: Implementiertes Multiplexing der Spannungsmessung.

500 kHz) zu einem Gleichtaktfehler. Ausgehend davon, dass die Gleichtaktspannungsunterschiede der einzelnen Elektroden klein sind, was angenommen werden kann, da die Gleichtaktspannung am gesamten Testobjekt ähnlich groß ist, werden die Gleichtaktfehler allerdings weiter durch die anschließende Differenzbildung im PGA abgeschwächt, da nur Gleichtaktspannungsunterschiede aufgrund unterschiedlicher CMRR der Spannungsfolger durch den PGA verstärkt werden.

Der eigentliche Ablauf der Messwertaufnahme und des Multiplexings des EIT-Systems wird durch den Pseudocode in Programmausdruck 1 dargestellt.

```
for Messzyklen
    Setzen der Multiplexer;
    Warten, bis Multiplexer und Filter eingeschwungen
        sind;
    Freischalten der Datenübertragung für x-FFTs;
```

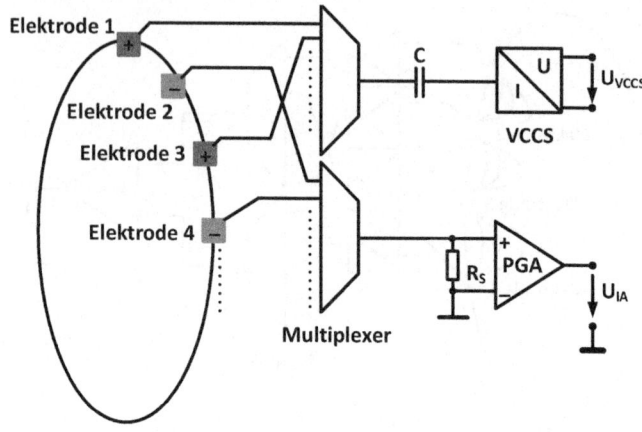

Abbildung 5.5: *Implementiertes Multiplexing der Stromeinspeisung.*

```
    Warten, bis Aufnahme der Messwerte abgeschlossen ist
    ;
end;
```

Programmausdruck 1: *Pseudocode für die Steuerung der Multiplexer und den Ablauf der Messwertaufnahme.*

Nachdem die Multiplexer umgeschaltet worden sind, muss eine kurze Zeitpanne abgewartet werden, bis Filter und Multiplexer auf dem neuen Spannungsniveau eingeschwungen sind (siehe Kapitel 3.3.3). Anschließend wird im Paketbildungs-Modul der Firmware (siehe Abbildung 4.9) für eine gewisse Anzahl von FFT die Datenübertragung freigegeben. Die Firmware wartet anschließend selbstständig bis zum Ende der Datenübertragung. Mit diesem Ablauf kann das Messsystem 256 Messkanäle in ca. 333 ms bzw. 208 Messkanäle in 250 ms aufnehmen. Dies führt entsprechend zu 3,3 FPS bzw. 4 FPS. Durch den Verzicht auf die reziproken Messungen lässt sich die Bildwiederholungsrate optional auf 8 FPS erhöhen. Eine ausreichend hohe Bildwiederholungsrate ist somit sichergestellt (siehe Kapitel 3.3.3).

Die zu übertragende Datenmenge pro Messkanal beträgt dabei 4107 Byte, da nur die positiven Spektren von Strom und Spannung übertragen werden. Dieser Wert setzt sich aus der Länge der beiden Spektren mit den jeweiligen Real- und Imaginärteilen ($512 \cdot 2^2$ Punkte) und der Genauigkeit (2 Byte / Punkt) der FFT sowie dem Overhead des Rahmens (11 Byte, siehe Kapitel 4.6) zusammen. Die Datenmenge ließe sich theoretisch deutlich reduzieren, wenn nur die Messpunkte im Frequenzbereich von 10 kHz bis 500 kHz übertragen werden würden. Darauf wird allerdings derzeit aus Gründen der Systemverifikation verzichtet.

5.4 Systemverifikation

Bevor das EIT-System für Messungen verwendet werden kann, erfolgt analog zum Vorgehen beim BMS eine Systemverifikation. Die Systemverifikation ist dabei in eine theoretische und eine messtechnische Verifikation des entwickelten EIT-Systems gegliedert.

Für die messtechnische Verifikation werden verschiedene Kalibrierwiderstände R_{Kal}, die mit einer Genauigkeit von 0,1 % bekannt sind, über die Flachbandkabel-Verbindungen und eine Schnittstellenplatine in Vierleiter-Technik mit den jeweiligen Strom- und Spannungskanälen verbunden. Die elektrische Verbindung wird dabei über Goldkontakte hergestellt, deren Übergangsimpedanzen Z_K wegen des Vierleiteranschlusses vernachlässigt werden können[36]. Abbildung 5.6 zeigt das Prinzipschaltbild in Einkanaldarstellung sowie eine Fotografie der Schnittstellenplatine mit und ohne bestückter Kalibrierwiderstandsplatine.

Unter der Annahme, dass die über die Spannungsfolger getriebenen Multiplexer mit ihren durch die Serienwiderstände gebildeten Tiefpäs-

---

[36] Dies gilt aus den gleichen Gründen auch für die Übergangsimpedanzen der Multiplexers, weshalb auf deren Darstellung verzichtet wurde.

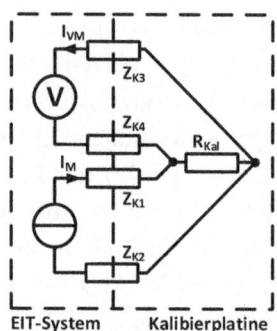

a) Prinzipschaltbild der jeweiligen Messkanäle

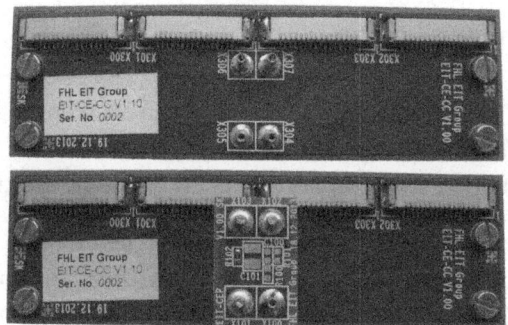

b) Schnittstellenplatine mit und ohne Kalibrierwiderstandsplatine

Abbildung 5.6: *Prinzipschaltbild zum Anschluss der Kalibrierwiderstände an das EIT-System sowie Fotografie der Schnittstellenplatine mit und ohne Kalibrierwiderstandsplatine.*

sen mit Grenzfrequenzen von $1/(2\pi RC) = 1/(2\pi \cdot 75\,\Omega \cdot 30\,\text{pF}) \approx 70\,\text{MHz}$ vernachlässigt werden können (siehe auch Kapitel 5.3), entspricht das elektrische Ersatzschaltbild des EIT-Systems dem aus Abbildung 4.10. Da die getriebenen Multiplexer so nicht zu einer Verringerung der Eingangsimpedanz bzw. Erhöhung der Messunsicherheit beitragen.

5.4.1 Theoretische und messtechnische Abschätzung des Signal-Rausch-Abstandes

Analog zu dem in Kapitel 4.7.2 beschriebenen Konzepts zur Abschätzung des SNR wird nachfolgend die theoretische Auflösungsgrenze des Mehrfrequenz-EIT-Systems abgeschätzt. Abbildung 5.7 zeigt beispielhaft die betragsmäßig kleinsten und größten gemessenen Spektren für Sinus- und Chirpanregung als Mittelwert aus jeweils 100 Einzelmessungen, aufgenommen über 208 Messkanäle an einem 46,5-Ω-Widerstand. Die Messungen wurden mittels der Schnittstellenplatine aus Abbildung 5.6 bei einer Anregungsamplitude von 5 mA durchgeführt. Tabelle 5.1 zeigt SINAD, ENOB, THD+N und SFDR der Spannungs- und Stromspektren für weitere Anregungsfrequenzen zwischen 24,4 kHz bis 391 kHz.

Sowohl Tabelle 5.1 als auch Abbildung 5.7 zeigen die verbesserten Leistungsparameter des EIT-Systems im Vergleich zum BMS. Während das BMS einen durchschnittlichen ENOB von ca. 13,5 bit erzielte, erreicht das EIT-System frequenzabhängig zwischen 0,5 bit und 1 bit mehr (entsprechend einer Verbesserung des SINAD um bis zu 6 dB). Dies kann zum einen durch die verbesserte numerische Auflösung der FFT und zum anderen durch die wesentlich kürzeren Kabel erklärt werden. Nach Gleichung (4.20) erhöht sich damit die relative Auflösung – abhängig von Messbereich und Frequenz – um bis zu 100 % gegenüber dem BMS. So beträgt die geschätzte relative Auflösung im Messbereich bis 49 Ω – ausgehend von den jeweils schlechtesten Werten für die ENOB (14,0 bit für die Spannungsmessung und 14,1 bit für die Strommessung) – für Sinusanregung ca. 86 ppm korrespondierend zu einer absoluten Auflösung von ca. 4,3 mΩ. Für Chirp-Anregung verschlechtert sich die relative Auflösung auf ca. 280 ppm bis 847 ppm

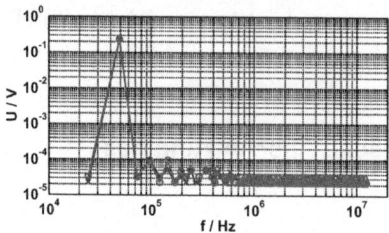
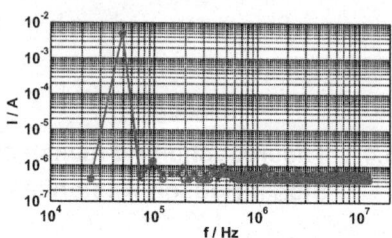

a) Spannungsspektrum bei sinusförmiger Anregung mit 48,825 kHz. Die erreichten Leistungsparameter betragen: SINAD ≈ 89 dB$_{FS}$, ENOB ≈ 14,4 bit, SFDR ≈ 67 dB, THD+N ≈ 56 dB.

b) Stromspektrum bei sinusförmiger Anregung mit 48,825 kHz. Die erreichten Leistungsparameter betragen: SINAD ≈ 89 dB$_{FS}$, ENOB ≈ 14,5 bit, SFDR ≈ 69 dB, THD+N ≈ 59 dB.

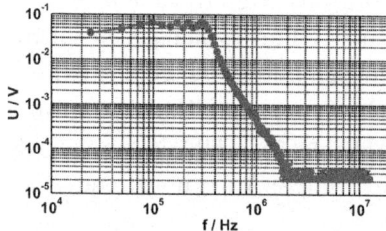
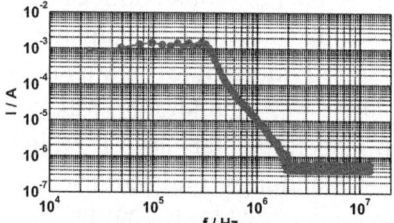

c) Spannungsspektrum bei Chirp-Anregung mit einer Periodendauer von 40,96 µs

d) Stromspektrum bei Chirp-Anregung mit einer Periodendauer von 40,96 µs

Abbildung 5.7: *SINAD-Messung im optimalen Messbereich an einem 46,5 Ω-Widerstand bei f_s = 25 MHz. Dargestellt ist jeweils das betragsmäßig kleinste und das betragsmäßig größte Spektrum aus 20.800 Einzelmessungen (jeweils 100 Messungen pro Messkanal) bei einem Anregungsstrom von 5 mA.*

(abhängig von der Frequenz, siehe Kapitel 4.7.2), was einer absoluten Auflösung von ca. 13,7 mΩ bzw. 41,5 mΩ entspricht.

5.4.2 Abschätzungen zur Genauigkeit

Im Anschluss an die Evaluation der grundlegenden Signalparameter wird nun die erzielte absolute Genauigkeit bzw. die Wiederholgenauig-

5.4 Systemverifikation

Tabelle 5.1: *SINAD, ENOB, SFDR, THD+N für die Spannungs- und Stromspektren bei Frequenzen von 24,4 kHz bis 391 kHz, basierend auf 20.800 Einzelmessungen, gemessen über die 208 Messkanäle mit jeweils 100 Einzelmessungen an einem 46,5-Ω-Widerstand mit sinusförmiger Anregung bei 5 mA. Abgeleitet sind die Parameter am jeweils betragsmäßig kleinsten und betragsmäßig größten Spektrum.*

f / kHz	24,4	48,8	73,2	97,7
SINAD_V / dB$_{FS}$	89,3 / 87,6	89,0 / 88,6	88,1 / 88,5	87,9 / 88,0
SINAD_I / dB$_{FS}$	89,5 / 87,7	89,5 / 88,7	88,3 / 89,3	87,9 / 87,7
ENOB_V / bit	14,5 / 14,3	14,5 / 14,4	14,3 / 14,4	14,3 / 14,3
ENOB_I / bit	14,6 / 14,3	14,6 / 14,4	14,4 / 14,6	14,3 / 14,3
SFDR_V / dB	71,1 / 70,1	69,0 / 67,1	65,1 / 64,8	64,4 / 64,4
SFDR_I / dB	72,5 / 72,5	68,5 / 69,0	66,2 / 67,5	64,9 / 63,3
THD+N_V / dB	55,0 / 54,1	57,4 / 56,6	57,6 / 57,5	57,2 / 57,8
THD+N_I / dB	56,5 / 55,5	58,9 / 59,0	59,6 / 60,8	59,7 / 59,5

f / kHz	147	195	293	391
SINAD_V / dB$_{FS}$	87,3 / 87,6	87,5 / 88,1	87,4 / 87,9	87,4 / 86,1
SINAD_I / dB$_{FS}$	88,3 / 87,2	87,9 / 87,6	87,9 / 88,0	86,6 / 86,8
ENOB_V / bit	14,2 / 14,3	14,2 / 14,3	14,2 / 14,3	14,2 / 14,0
ENOB_I / bit	14,4 / 14,2	14,3 / 14,3	14,3 / 14,3	14,2 / 14,1
SFDR_V / dB	59,8 / 59,7	57,6 / 56,5	51,6 / 51,9	49,9 / 49,6
SFDR_I / dB	61,4 / 61,3	59,1 / 59,7	56,2 / 56,7	54,2 / 54,6
THD+N_V / dB	55,7 / 55,6	54,2 / 53,6	49,9 / 49,9	48,5 / 48,0
THD+N_I / dB	59,7 / 59,1	58,1 / 58,1	55,3 / 55,8	53,5 / 53,8

keit des EIT-Systems weiter untersucht. Angesichts der guten effektiven Auflösung des Messsystems kann dabei angenommen werden, dass die statistische Ungenauigkeit sehr klein ist. Durch die Entkopplung des Multiplexers von den Elektroden (siehe Kapitel 5.3) wird zudem vermutet, dass nur sehr kleine Kanalabweichungen in der Größenordnung der statistischen Ungenauigkeit auftreten. Daher kann möglicherweise auf eine nach dem Messkanal aufgelöste Kalibrierung (die sogenannte Kanalkalibrierung) verzichtet werden. Durch die Verwendung von Widerständen und Kondensatoren mit kleinen Toleranzen im Signalpfad (siehe Kapitel 5.2) wird darüber hinaus angenommen, dass auch die systematische Ungenauigkeit der Gesamtübertragungsfunktion sehr klein ist und daher für eine spezifizierte Genauigkeit von 1 %, gänzlich auf eine Kalibrierung des Messsystems verzichten werden kann. Dies gilt allerdings nur, wenn das Messsystem ausschließlich für die Differenzbildgebung eingesetzt wird (siehe Kapitel 3.2.1).

Um diese Nachweise zu erbringen, werden zwei Messungen an bekannten Widerstandsphantomen durchgeführt. Dabei wird die erste Messung an einem dem Göttinger R-Phantom [41] nachempfundenen (siehe Abbildung 5.6) und die zweite Messung an einem Widerstandsphantom, basierend auf dem in [31] vorgeschlagenen, durchgeführt. Abbildung 5.8 zeigt die zweilagige Platine des auf [31] basierenden Widerstandsphantoms. Die Platine hat eine Größe von 52,5 × 103 mm^2 und besteht aus ca. 120 Komponenten. Neben den Steckverbindern zum Anschluss an das EIT-System und den eigentlichen Widerständen ist auch ein DIP-Schalter zu sehen. Durch diesen Schalter ist es möglich, verschiedene Transferimpedanzänderungen zu erzeugen.

Während die erwartete Transferimpedanz des ersten Phantoms mittels einer Präzisionsmessbrücke auf 0,1 % genau vermessen werden kann, wird das zweite Widerstandsphantom aufgrund seiner Komplexität mittels LTspiceIV simuliert. Die Simulation wurde dabei so voreingestellt, dass diese automatisiert alle Multiplexerstellungen des Messprotokolls über unmittelbar benachbarte Elektroden seriell durchführt und die Messergebnisse sortiert nach Strom und Spannung in eine Textdatei exportiert. Die Simulationsdaten können anschließend in MATLAB geladen und mit der Messung verglichen werden [76]. Das zweite Widerstandsphantom hat im Vergleich zum ersten einen deutlich größeren Dynamikbereich und erlaubt zudem die Verifizierung

5.4 Systemverifikation

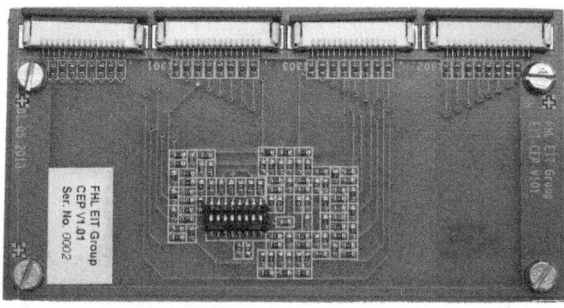

Abbildung 5.8: *Foto des Widerstandsphantoms. Die zweilagige Platine hat eine Größe von 52,5 × 103 mm² und besteht aus ca. 120 Komponenten.*

der korrekten Funktion des Multiplexings. Davon ausgehend, dass das Widerstandsphantom mit Widerständen mit einer Toleranz von 1% bestückt ist, ist eine maximale Genauigkeit in dieser Größenordnung zu erwarteten.

5.4.3 Messung der Kanalabweichungen

Die realen Kanalabweichungen des Messsystems wurden mittels Vierleiter-Messungen unter Verwendung des in Abbildung 5.6 gezeigten Aufbaus mit verschiedenen Widerständen ermittelt. Die Messergebnisse bestätigen, dass eine Kanalkalibrierung – wie angenommen – nicht notwendig ist, da die statistische Abweichung größer als die systematischen Kanalunterschiede ist. Weiterhin liegt die Messunsicherheit des Betrags unterhalb von 1%, was eine generelle Kalibrierung der Systemfunktion bei Differenzbildgebung unnötig macht.

Abbildung 5.9 zeigt beispielhaft das Ergebnis einer Messung eines 46,57-Ω-Widerstands[37] über 100 Rahmen, aufgenommen über jeweils 208 Kanäle bei 48,8 kHz mit einem sinusformigen Angregungsstrom

---
[37] Der Widerstand wurde mit einer Präzisionsmessbrücke bei 1 kHz auf 0,1 % genau vermessen.

vom 5 mA. Zu erkennen ist eine zufällige Verteilung der Messergebnisse um den Mittelwert von 46,265 Ω ± 0,2 ‰. Da keine systematische Kanalabweichung erkennbar ist, ist eine Kanalkalibrierung wie erwartet unnötig. Auch auf eine allgemeine Kalibrierung kann in Anbetracht der relativen Abweichung von weniger als ± 1 % verzichtet werden.

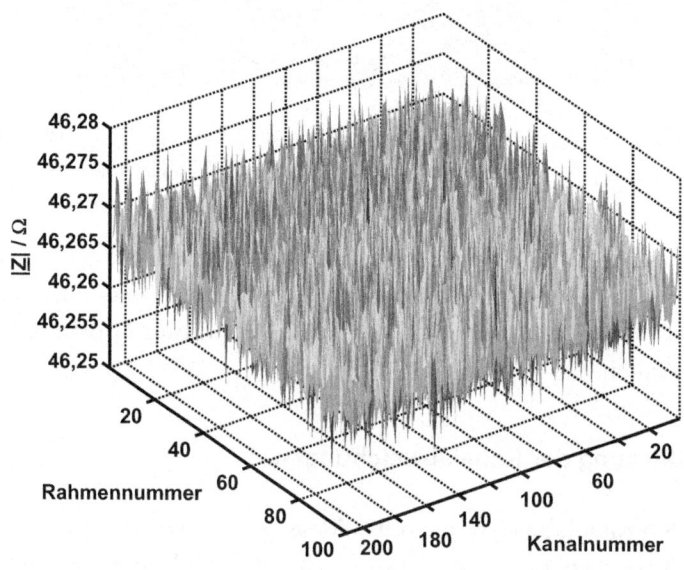

Abbildung 5.9: Messung zur Kanalabweichung – gemessen bei 48,8 kHz mit einem sinusförmigen Anregungsstrom von 5 mA an einem 46,57-Ω-Widerstand. Aufgenommen wurden 100 Rahmen über jeweils 208 Messkanäle.

5.4.4 Messtechnische Verifizierung der Genauigkeit

Nachdem abgeschätzt und gezeigt werden konnte, dass eine generelle Kalibrierung nicht notwendig ist, um eine geforderte Genauigkeit von 1 % zu erreichen, wird nun – wie in Kapitel 5.4.2 beschrieben – die Genauigkeit des EIT-Systems sowie die Korrektheit des Multiplexings

5.4 Systemverifikation

noch einmal messtechnisch durch die Messung an einem komplexen Widerstandsphantom verifiziert. Für die Messung wurden in verschiedenen Messbereichen die Transferimpedanzen des in Abbildung 5.8 gezeigten Widerstandsphantoms erfasst und mit den in LTspiceIV simulierten Werten verglichen. Abbildung 5.10 zeigt beispielhaft Messergebnisse im Vergleich mit der simulierten Transferimpedanz über 208 Messkanäle, aufgenommen über unmittelbar benachbarte Elektroden, bei einem sinusförmigen Anregungsstrom von 5 mA mit einer Frequenz von 48,8 kHz.

Die absolute Abweichung des Betrags zur Simulation ist stets kleiner als $0,1\,\Omega$, wobei die mittlere Betragsabweichung $-5,7\,\text{m}\Omega$ beträgt. Das Ergebnis bestätigt die Korrektheit des Multiplexings und die geforderte Genauigkeit.

Zur Verifikation der Betrags- und Phasenmessung über den gesamten Frequenzbereich wurde analog zu Kapitel 4.8.1 bzw. Abbildung 4.17 ein $R - R\|C$-Gewebephantom mit $R_S = 19,9\,\Omega$, $R_P = 19,86\,\Omega$ und $C_P = 99,7\,\text{nF}$ vermessen (siehe auch Kapitel 4.8.3). Abbildung 5.11 zeigt die übereinander dargestellten Messergebnisse der 208 Messkanäle, aufgeteilt in Betrag und Phase, zusammen mit den theoretischen Werten. Während der Betrag über die Frequenz eine relative Abweichung von weniger als $\pm 0,75\,\%$ zeigt, nimmt die absolute Abweichung der Phase mit steigender Frequenz deutlich zu. Dieser Effekt lässt sich zum einen, analog zum BMS, durch das endliche Verstärkungsbandbreiteprodukt der PGA erklären und zum anderen durch die räumliche Aufteilung der Messkanäle und der vier Multiplexer. Diese Hypothese wird auch durch die erkennbare Vierteilung der Kurven gestützt. Da die Phasenverschiebungen konstant und kanaltypisch sind, haben diese allerdings keinen Einfluss auf das Rekonstruktionsergebnis, da durch die Differenzbildung nur Phasenänderungen der zu messenden Transferimpedanzen in die Rekonstruktion einfließen.

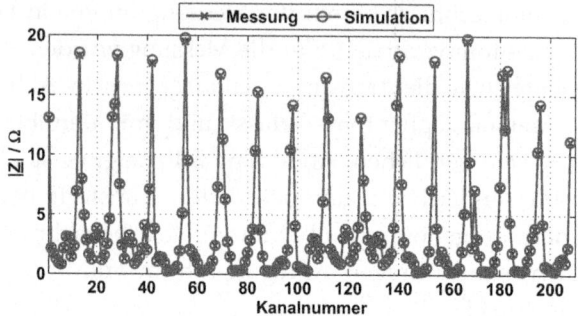

a) Betrag der simulierten und gemessenen Transferimpedanzen

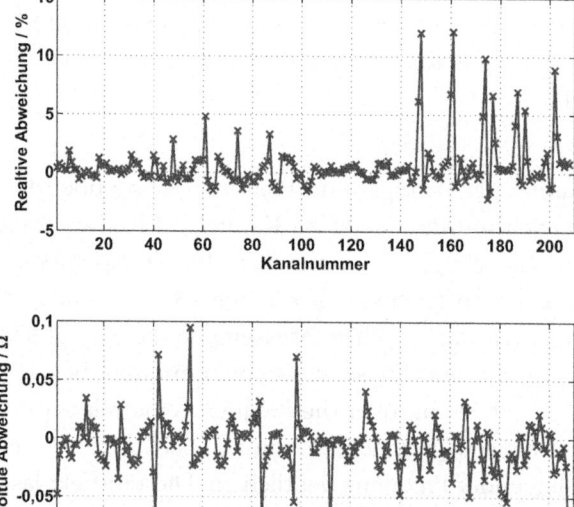

b) Relative und absolute Abweichung der Messung zur Simulation

Abbildung 5.10: *Beispielhaftes Ergebnis der Transferimpedanzmessung am Widerstandsphantom. Die absolute Abweichung zur Simulation ist stets kleiner als 0,1 Ω. Die mittlere Abweichung beträgt -5,7 mΩ.*

5.4 Systemverifikation

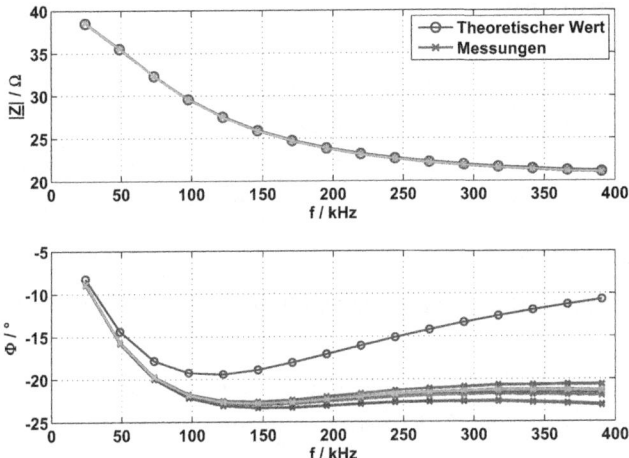

a) Betrag und Phase von Messung und des theoretischen Verhaltens

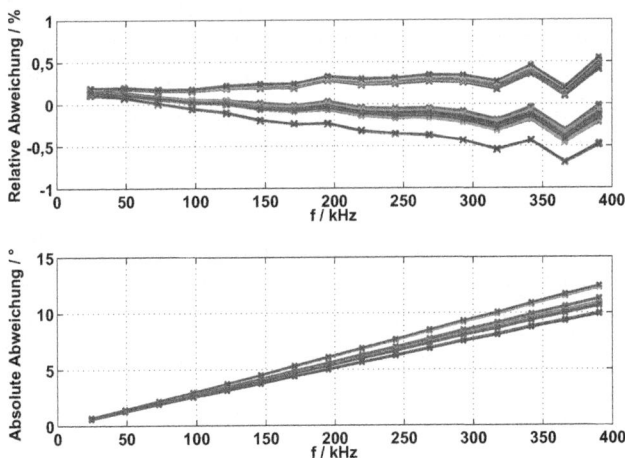

b) Relative bzw. absolute Abweichung der Messung gegenüber den theoretieschen Werten

Abbildung 5.11: *Betrag und Phase der Messung des $R - R\|C$-Phantoms zusammen mit den theoretischen Werten sowie die relative bzw. absolute Abweichung der Messung gegenüber den theoretischen Werten.*

5.5 Messungen

Im Anschluss an die erfolgreiche Systemverifikation wird das EIT-System nun für verschiedene Messungen evaluiert. Die Messungen sind aufgeteilt in Messungen an einem Mikrotankphantom und an einem normalen Tankphantom sowie in Probandenmessungen.

5.5.1 Aufbau und Messung eines Mikrotankphantoms

Als erste Demonstration der Möglichkeiten des EIT-Systems werden Messungen an einem Mikrotankphantom durchgeführt. Das Mikrotankphantom bietet dabei den Vorteil gegenüber einem großen Phantom, dass dieses problemlos am Schreibtisch verwendet werden kann. Die Idee des Mikrotankphantoms ist aus [29] entnommen und weiterentwickelt worden [58,62]. Die Grundidee bildet dabei die Verwendung einer Platine mit aufgefrästen und vergoldeten Platinendurchkontaktierungen als Mikroelektroden. Abbildung 5.12 a) zeigt den prinzipiellen Aufbau des Mikrotankphantoms. Abbildung 5.12 b) zeigt hingegen eine Fotografie einer Elektrodenplatine mit 16 vergoldeten Mikroelektroden.

Die Ausführung der Elektroden hat einen entscheidenden Einfluss auf die Übergangsimpedanz der Elektrode, welche maßgeblich durch Material und Größe der Elektrode bestimmt ist, sowie auf die mechanische Festigkeit und Fertigbarkeit der Elektrodenplatine. Abbildung 5.13 zeigt zwei verschiedene Ausführungsmöglichkeiten. Dabei stellt Abbildung 5.13 a) den ersten Herstellungsversuch dar, welcher aufgrund der hohen Anforderungen an die Fertigungsgenauigkeit nur unter hohem Aufwand herzustellen ist und daher ein hoher Ausschuss zu erwarten ist. Die Platine aus Abbildung 5.13 b) ist durch die Verschiebung des Ausfräsungskreises und die gute mechanische Anbindung der Durchkontaktierung an die Ober- und Unterseite mit viel geringerem Aufwand herzustellen und wird daher nachfolgend verwendet.

5.5 Messungen

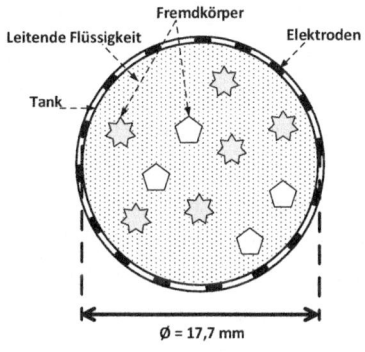
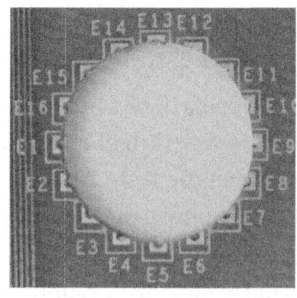

a) Prinzipsskizze des Mikrotankphantoms als Schnittbild

b) Fotografie einer Elektrodenplatine

Abbildung 5.12: *Prinzipsskizze des Mikrotankphantoms als Schnittbild und Fotografie einer Elektrodenplatine.*

a) Runde Durchkontaktierung mit Ausfräsung direkt am Rand

b) Rechteckige Durchkontaktierung mit mittiger Ausfräsung

Abbildung 5.13: *Elektrodenplatinen für das Mikrotankphantom mit verschiedenen Durchkontaktierungen und unterschiedlichen Ausfräsungspositionen.*

Abbildung 5.14 zeigt das erste Rekonstruktionsergebnis, welches mittels des entwickelten EIT-Systems aufgenommen worden ist [76]. Für die Messung wurde das Mikrotankphantom mit einer homogenen leitfähigen Agarosemischung (relative Gewichtsangaben: 0,6 % Agarose, 0,1 % Kochsalz und 99,3 % destilliertes Wasser) mit einem ungefähren spezifischen Widerstand von 4,55 Ωm gefüllt. Anschließend wurde mittels einer Spritze 0,9 %-ige Kochsalzlösung mit einem spezifischen Widerstand von ca. 0,63 Ωm in die Agarosemischung injiziert, sodass eine kleine Salzwasserkugel entstand. Die geleeartige Agarosemischung garantiert dabei die feste Anordnung innerhalb des Mikrotankphantoms, wobei die Agarose selbst einen vernachlässigbar kleinen Einfluss auf die Impedanz innerhalb des Tanks hat [67,76]. Durch die Aufnahme der Tranferimpedanzen vor und nach der Injektion konnte anschließend mithilfe von EIDORS die Leitfähigkeitsänderung rekonstruiert werden.

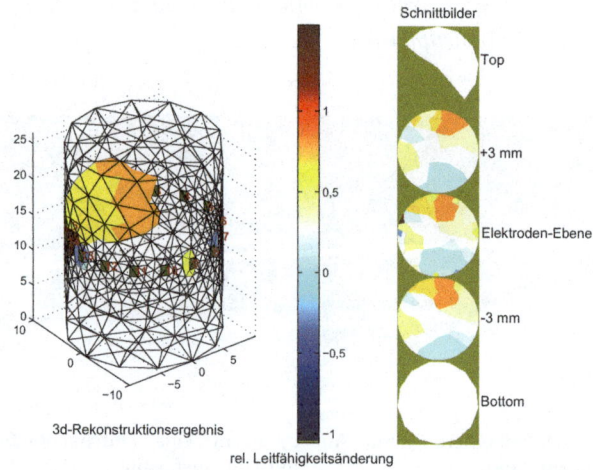

Abbildung 5.14: Ergebnis der Rekonstruktion der Änderung der Leitwertverteilung (siehe auch [67,76]).

Obwohl die erzielten Messergebnisse vielversprechend sind und die grundlegende Funktionalität des EIT-Systems gezeigt werden konnte, wird im weiteren Verlauf dieser Arbeit auf die Benutzung des Mikrotankphantoms verzichtet. Dies hat im Wesentlichen zwei Gründe:

5.5 Messungen

Zum einen ergaben weitere Tests, dass die Kontaktimpedanzen der Mikroelektroden aufgrund der Geometrie relativ groß sind und aufgrund des Fertigungsprozesses stark streuen[38] (was zu ungenauen Messungen führt; siehe Kapitel 4.7.1), zum anderen gestaltet sich die Herstellung von reproduzierbaren Testszenarien aufgrund der geringen Größe des Mikrotankphantoms in einem Elektroniklabor als sehr schwierig [46, 76].

5.5.2 Aufbau und Adaption eines Tankphantoms

Da sich die Verifikation des Messsystems mittels Mikrotankphantom als sehr schwierig gestaltete (siehe Kapitel 5.5.1), werden weitere Messungen mit einem großen, mit Salzwasser gefüllten Tankphantom durchgeführt. Das verwendete Tankphantom besteht aus 4 mm starkem Plexiglas mit einem Innendurchmesser von 242 mm und einer Höhe von 300 mm. Am Tankphantom sind drei Elektrodenringe im Abstand von jeweils 65 mm Abstand angebracht, bestehend aus jeweils 16 Compound-Elektroden[39] aus 0,5 mm starkem Edelstahlblech (WNr. 1.4404 (X2CrNiMo17-12-2), V4A). Die inneren Elektroden haben einen Durchmesser von 10 mm. Die Kreisscheiben der äußeren Elektroden haben einen Innendurchmesser von 20 mm und einen Außendurchmesser von 40 mm. Der Anschluss der Elektroden-Kabel erfolgt über Edelstahlschrauben (M3 × 20), welche mit Silikon eingeklebt und durch den Tank geschraubt sind. Der innere kleinere Elektrodenteil wird standardmäßig für die Stromeinspeisung und der äußere größere Elektrodenteil für die Spannungsableitung genutzt. Dieser Elektrodenaufbau hat den Vorteil, dass – analog zu Gleichung (3.6) – theoretisch 256 anstatt 208 Messungen durchgeführt werden können, ohne dabei auf stromführenden Elektroden messen zu müssen.

---

[38] von ca. 500 Ω bis 5 kΩ im verwendeten Frequenzbereich von 24,4 kHz bis 390 kHz
[39] Als Compound-Elektroden bezeichnet man nach [122] zwei Elektroden, welche konzentrisch angeordnet sind, um eine Vier-Elektroden-Messung auf engstem Raum zu erlauben.

Die Positionierung der Testobjekte im Tankphantom findet mittels eines Phantomhalters statt. Abbildung 5.15 zeigt den Aufbau von Tank und Phantomhalter, im Folgenden als Tankphantom bezeichnet. Der Phantomhalter ist dabei mit zwei Phantomen bestückt.

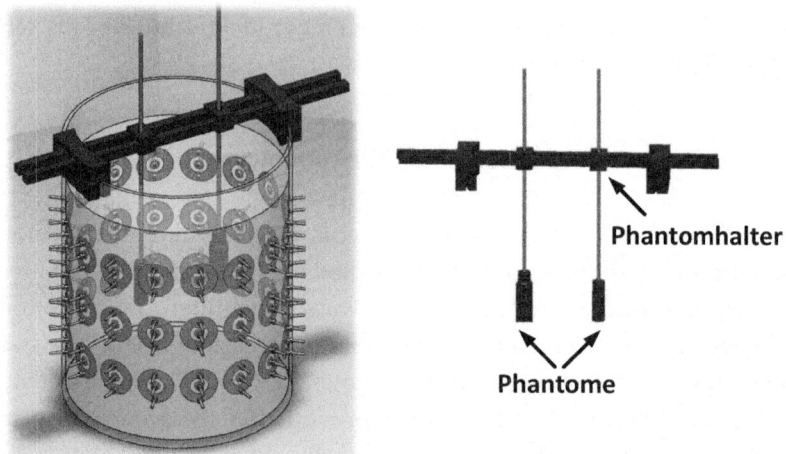

a) Tank mit Phantomhalter und angedeuteter Füllung

b) Phantomhalter

Abbildung 5.15: *3d-Konstruktion des Tankphantoms mit Halterungssystem und zwei Phantomen. Das Tankphantom besteht aus 4 mm dicken Plexiglas mit einem Innendurchmesser von 242 mm und einer Höhe von 300 mm und 64 Compound-Elektroden. Diese sind in drei Ebenen mit einem Abstand von jeweils 65 mm angeordnet.*

Der Phantomhalter wurde mittels SolidWorks konstruiert und besteht aus zwei Seitenteilen, die am Tank aufgesteckt werden, sowie zwei Führungsschienen, die mit den Seitenteilen verbunden sind. Die eigentlichen Messphantome werden mit Gewindestangen an Laufkatzen befestigt, welche auf den beiden Führungsschienen beweglich angeordnet sind. Durch diese Anordnung ist es möglich, Messphantome zuverlässig axial und radial zu positionieren. Als Material für die Seitentei-

5.5 Messungen

le und für die Laufkatzen wurde ABS-Kunststoff verwendet, die Gewindestangen bestehen aus Edelstahl (M4 nach DIN 975 in V2A) und die Führungsschienen aus feuerverzinktem Stahl, um ein ausreichendes Gewicht zu haben, welches die Phantome im Wasserbad hält. Die eingebrachte Inhomogenität der Gewindestange wird dabei aufgrund ihres geringen Durchmessers und der geringen Abweichung zur Hintergrundleitfähigkeit vernachlässigt. Die Kunststoffteile wurden mit einem 3d-Drucker (MakerBot Replicator 2X) ausgedruckt.

Für die Messungen wurde der Tank mit 11,7 l Leitungswasser, entsprechend einer Füllhöhe von 255 mm, gefüllt. Zur Steigerung der Leitfähigkeit wurden zusätzlich 20 g Kochsalz hinzugegeben, was zu einem spezifischen Widerstand von ca. 2,7 Ωm führt. Das EIT-System wird mit dem Tank über Messkabel und eine Adapter-Platine verbunden, welche neben den Steckverbindern auch den getriebenen Schirm für die Messkabel zur Verfügung stellt. Die Messkabel haben eine Länge von 1,5 m und sind aus Koaxial-Kabeln (RG174) hergestellt (siehe auch Kapitel 4.5). An der Adapterplatine werden die Kabel mit BNC-Steckern angeschlossen, an den Elektroden hingegen mit Krokodilklemmen. Abbildung 5.16 zeigt die entwickelten zweilagigen Adapterplatinen für 32 Elektroden und 16 Elektroden, welche später auch für die Thorax-Messungen verwendet werden. Während bei der Ausführung für 32 Elektroden alle Strom- und Spannungskanäle des EIT-Systems zu den BNC-Buchsen geführt werden, sind bei der Ausführung für 16 Elektroden die jeweiligen Strom- und Spannungskanäle kurzgeschlossen. Die Platinen haben Größen von 98 × 175 mm^2 bzw. 101 × 104 mm^2, sind doppelseitig bestückt und bestehen aus knapp 120 Bauteilen bzw. 150 Bauteilen. Die Stromversorgung der Adapterplatinen erfolgt über das EIT-System (siehe auch Kapitel 5.2).

Abbildung 5.17 zeigt den exemplarischen Messaufbau mit 32 Elektroden für Messungen am Tankphantom. Das EIT-System ist auf der einen Seite mit dem Steuerungscomputer verbunden und auf der anderen Sei-

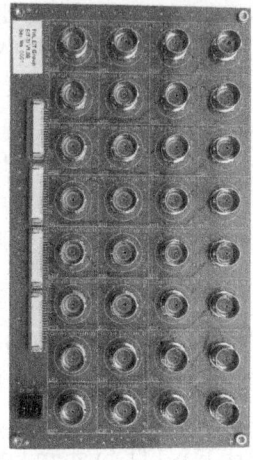 

a) Schnittstellen-Platine für 32 Elektroden   b) Schnittstellen-Platine für 16 Elektroden

Abbildung 5.16: *Schnittstellen-Platinen für 32 und 16 Elektroden zum Anschluss an den Tank.*

te über die Adapterplatine und die Koaxial-Kabel mit dem Tankphantom.

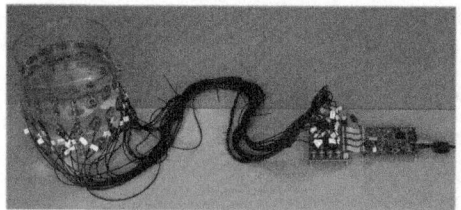 

a) Versuchsaufbau der Tankmessungen   b) Messsystem mit Adapterplatine

Abbildung 5.17: *Messaufbau für die Tankmessungen mit 32 Elektroden*

5.5.3 Signalqualität am Tankphantom mit 16 Elektroden

Für die Untersuchung der Signalqualität werden anschließend Messungen mit 16 Elektroden an dem beschriebenen Tankphantom durchgeführt. Die Abbildungen 5.18 und 5.19 zeigen die gemessenen Reziprozitätsgenauigkeiten gemäß Gleichung (3.8) zusammen mit den jeweiligen Beträgen der Transferimpedanzen. Dargestellt ist jeweils der Mittelwert aus 75 Einzelmessungen nach dem Messprotokoll über benachbarte Elektroden mit einem Abstand von einer bzw. sieben Elektroden. Gemessen wurde mit einem sinusförmigen Anregungsstrom bei einer Amplitude von 5 mA bei 48,825 kHz. Es ist zu erkennen, dass die maximale Abweichung des Systems für beide Protokolle bei weniger als $\pm\,70\,\text{m}\Omega$ liegt. Allerdings sind die Transferimpedanzen im zweiten Fall im Mittel deutlich größer, was zu deutlich höheren Reziprozitätsgenauigkeiten führt. Das Ergebnis legt daher nahe, dass eine Vergrößerung des Elektrodenabstandes zu einer Verbesserung der Messgenauigkeit führt.

Zusätzlich zur Darstellung der Reziprozitätsgenauigkeiten zeigt Abbildung 5.20 den Vergleich zwischen den jeweiligen Kanal-SNR nach Gleichung (3.9) für die unterschiedlichen Elektrodenabstände. Für die Messung wurde jeder Kanal 100 Mal gemessen. Deutlich zu erkennen ist die Verbesserung des durchschnittlichen und maximalen Kanal-SNR aufgrund der höheren Beträge der Transferimpedanzen. Die Ergebnisse bestätigen die besseren Charakteristika des durch Adler et al. in [2] vorgeschlagenen Messprotokolls.

Abbildung 5.21 zeigt zudem das betragsmäßig minimale und maximale aufgenommene Spektrum von Strom und Spannung der 100 aufgenommen Messungen. Es ist deutlich zu erkennen, dass der Dynamikbereich der Spannungsmessung mit ca. 40 dB sehr groß ist, während der Strom erwartungsgemäß konstant ist. Die abgeleiteten Leistungsparameter (SINAD, ENOB, THD+N und SFDR) bei der Tankmessung sind schlechter als bei der Widerstandsphantommessung und vergleichbar

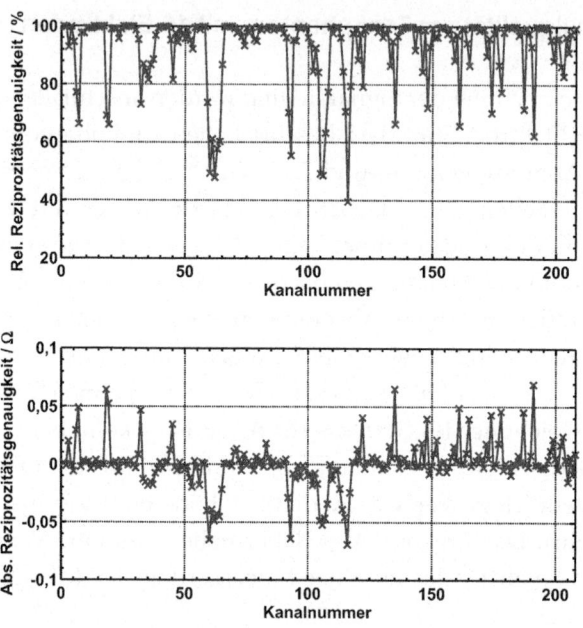

a) Reziprozitätsgenauigkeit über die Messkanäle

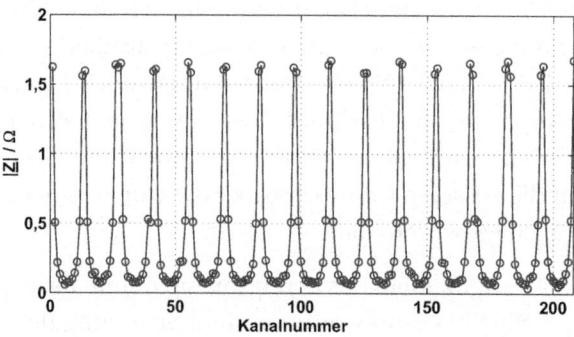

b) Beträge der Transferimpedanzen über die Messkanäle

Abbildung 5.18: *Reziprozitätsgenauigkeit mit 16 Elektroden – gemessen mit einem sinusförmigen Anregungsstrom mit einer Amplitude von 5 mA bei 48,825 kHz über unmittelbar benachbarte Elektroden.*

5.5 Messungen

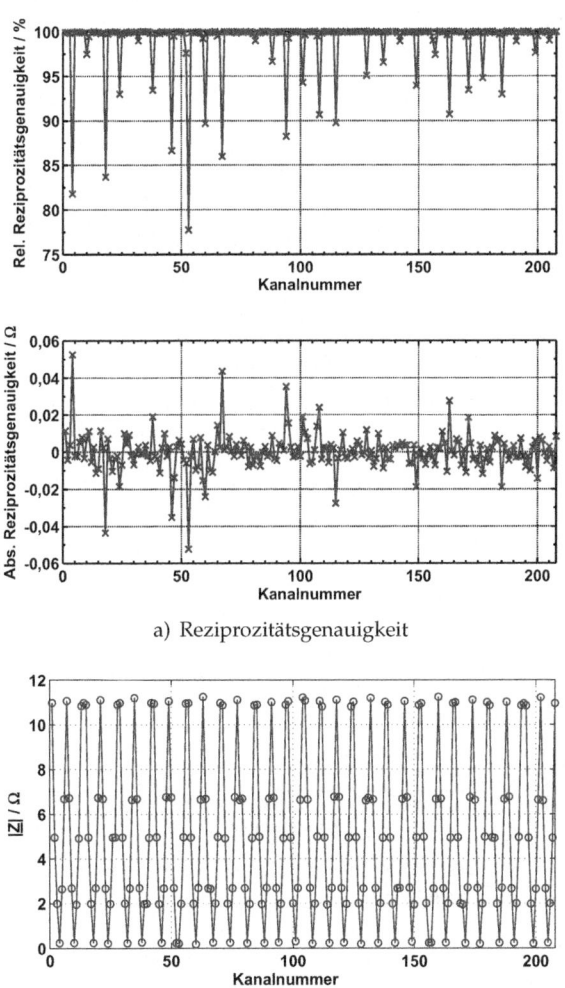

a) Reziprozitätsgenauigkeit

b) Beträge der Transferimpedanzen

Abbildung 5.19: Reziprozitätsgenauigkeit mit 16 Elektroden – gemessen mit einem sinusförmigen Anregungsstrom mit einer Amplitude von 5 mA bei 48,825 kHz über benachbarte Elektroden mit einem Abstand von sieben Elektroden.

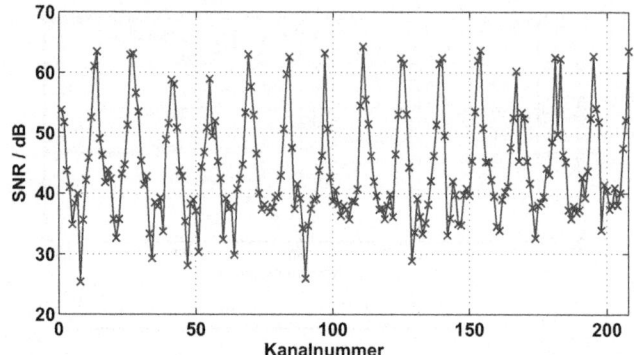

a) Kanal-SNR bei der Messung über unmittelbar benachbarte Elektroden

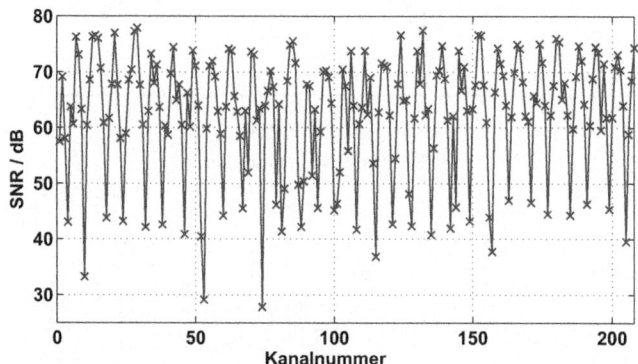

b) Kanal-SNR bei der Messung über benachbarte Elektroden mit einem Abstand von sieben Elektroden

Abbildung 5.20: *Kanal-SNR-Vergleich zwischen der Messung über unmittelbar benachbarte Elektroden und über Elektroden mit einem Abstand von sieben Elektroden. Gemessen über 16 Elektroden am Tankphantom.*

mit denen des BMS. Die Ursache dieses Verhaltens ergibt sich wahrscheinlich aus einer Kombination der verwendeten Kabel mit den Elektrodenimpedanzen.

5.5 Messungen

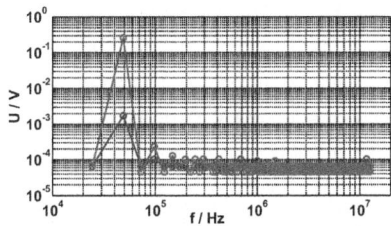
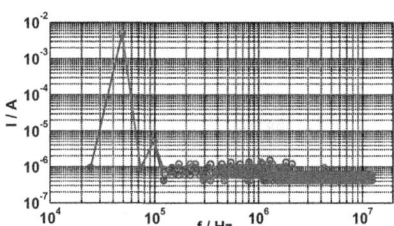

a) Minimales und maximales Spannungsspektrum. Die Leistungsparameter betragen: SINAD ≈ 84,0 dB$_{FS}$ / 84,2 dB$_{FS}$, ENOB ≈ 13,7 bit / 13,7 bit, SFDR ≈ 24,6 dB / 61,1 dB, THD+N ≈ 6,3 dB / 49,9 dB.

b) Minimales und maximales Stromspektrum. Die Leistungsparameter betragen: SINAD ≈ 80,4 dB$_{FS}$ / 80,7 dB$_{FS}$, ENOB ≈ 13,5 bit / 13,6 bit, SFDR ≈ 59,9 dB / 59,9 dB, THD+N ≈ 54,3 dB / 54,4 dB.

Abbildung 5.21: *Strom- und Spannungsspektra mit minimalem und maximalem Betrag bei der Anregungsfrequenz – gemessen über 16 Elektroden bei sinusförmiger Anregung bei 48,825 kHz und Einspeisung und Messung über benachbarte Elektroden mit einem Abstand von 7 Elektroden.*

5.5.4 Signalqualität am Tankphantom mit 32 Elektroden

Zum Vergleich zwischen der Verwendung von 16 und 32 Elektroden werden nachfolgend Messungen mit 32 Elektroden durchgeführt. Zur Wahrung der Vergleichbarkeit werden dabei die Messparameter nicht verändert. Abbildung 5.22 zeigt analog zu Abbildung 5.19 die absolute und relative Reziprozitätsgenauigkeit nach Gleichung (3.8) sowie die Beträge der Transferimpedanzen, aufgenommen bei 48,8 kHz bei sinusförmiger Anregung mit einer Amplitude von 5 mA.

Durch die Trennung von Strom- und Spannungselektroden sind 48 zusätzliche Transferimpedanzmessungen möglich, wodurch insgesamt 256 Transferimpedanzmessungen (anstatt 208 Transferimpedanzmessungen bei 16 Elektroden) durchgeführt werden können, ohne auf stromführenden Elektroden messen zu müssen (siehe Kapitel 3.2.2). Die deutlich verbesserte Reziprozitätsgenauigkeit gegenüber Abbildung 5.19 kann mit den größeren Spannungselektroden und der damit

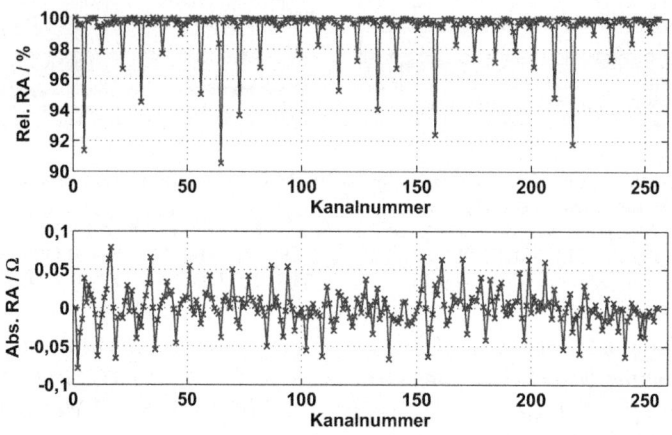

a) Reziprozitätsgenauigkeit

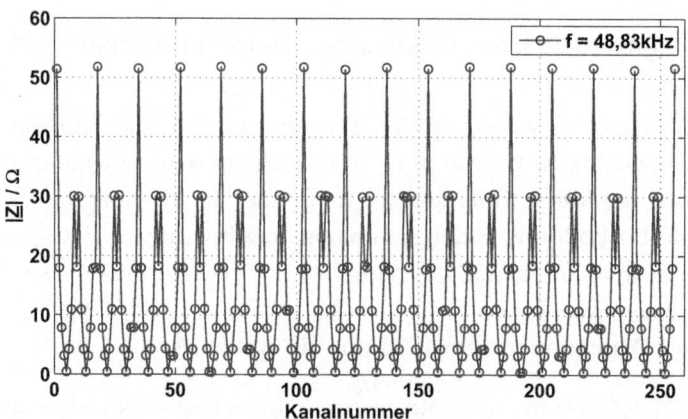

b) Beträge der Transferimpedanzen

Abbildung 5.22: *Reziprozitätsgenauigkeit (RG), gemessen am homogenen Tank mit Compound-Elektroden.*

5.5 Messungen

geringen Übergangsimpedanz erklärt werden. Abbildung 5.23 zeigt zusätzlich die Spannungs- bzw. Strommuster. Zu erkennen ist zudem der deutlich höhere Dynamikbereich der Messung. Dieses Verhalten ist aufgrund der Messung in unmittelbarer Nähe zur Stromeinspeisung zu erklären (siehe Kapitel 3.3.4). Die Strommuster aus Abbildung 5.23 b) sind hingegen aufgrund der verwendeten Stromquelle nahezu konstant und variieren um weniger als $\pm 0{,}5\,\textperthousand$.

Abbildung 5.24 zeigt den Kanal-SNR und die Standardabweichungen von Strom- und Spannungsmessung sowie der daraus ableiteten Standartabweichung der Impedanz. Es ist deutlich zu erkennen, dass die Standardabweichung und damit das Rauschen auf einem konstant niedrigen Niveau ist. Der Einbruch des SNR kann daher auf die Abnahme der Spannungsamplitude zurückgeführt werden.

Nach der Verifikation der Signalqualität werden nachfolgend Differenzbilder der Leitwertverteilung im Tankphantom aufgenommen, rekonstruiert und dargestellt.

5.5.5 Differenzbildgebung am Tankphantom

Nachdem die gute Signalqualität am Tankphantom bestätigt werden konnte, werden nun verschiedene Messungen und Rekonstruktionsergebnisse dargestellt. Die Rekonstruktion wird dabei mit EIDORS in Verbindung mit NETGEN und dem GREIT-Algorithmus durchgeführt (siehe Kapitel 3.4). Aufgrund des enormen Verkabelungsaufwands und zum Erhalt der Vergleichbarkeit der Rekonstruktionsergebnisse mit der Literatur wird im Folgenden zunächst auf Compound-Elektroden verzichtet und nur mit 16 Elektroden gemessen.

Abbildung 5.25 zeigt den prinzipiellen Messaufbau und das Ergebnis der Differenzbildgebung zwischen dem leeren homogenen Tank und dem mit zwei Kunststoffphantomen bestückten Tank. Die Phantome sind zylinderförmig und haben Durchmesser von 15 mm bzw. 20 mm

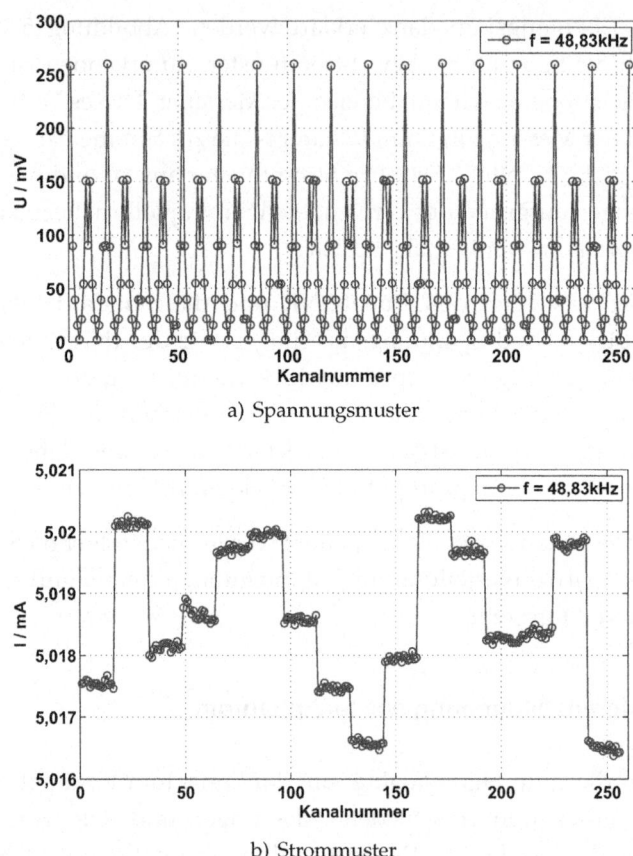

Abbildung 5.23: Spannungs- und Strommuster – gemessen am homogenen Tank mit Compound-Elektroden als Mittelwert aus 100 Einzellmessungen.

und Höhen von 30 mm bzw. 50 mm. Das Rekonstruktionsergebnis in Abbildung 5.25 c) zeigt, dass selbst das kleine Phantom noch zu erkennen und dass auch die Größenrelation zwischen den beiden Phantomen noch darstellbar ist. Eine Farbverschiebung in Richtung blau entspricht

5.5 Messungen

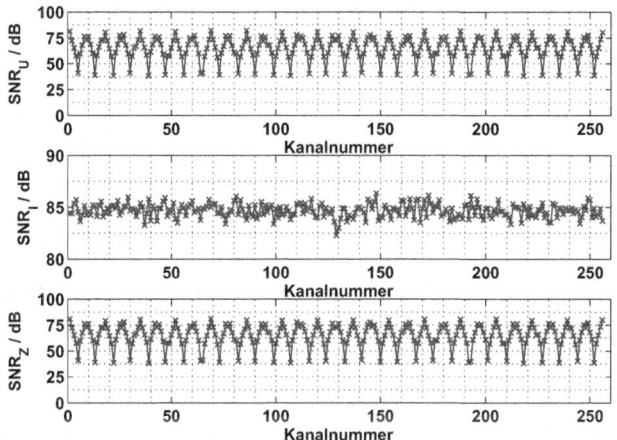

a) Kanal-SNR aufgeteilt in Strom-, Spannung- und Impedanzmessung

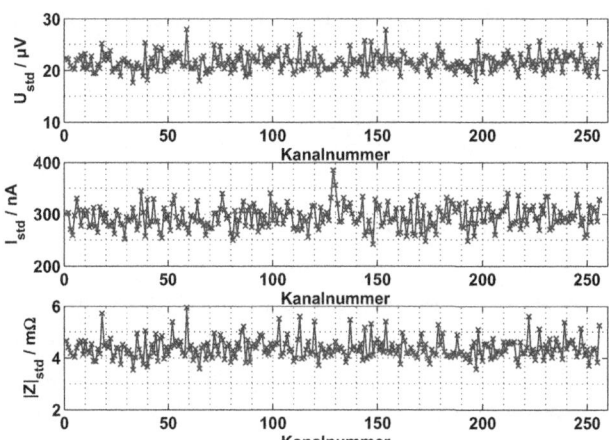

b) Standardabweichung von Strom-, Spannung- und Impedanz über die verschiedenen Kanäle.

Abbildung 5.24: *Kanal-SNR und Standardabweichung der Messkanäle von 100 Einzelmessungen – gemessen am homogenen Tank mit Compound-Elektroden. Es ist zu erkennen, dass die Standardabweichungen und damit das Rauschen auf einem konstant niedrigen Niveau sind.*

einer Abnahme der Leitfähigkeit, eine Verschiebung in Richtung gelb hingegen einer Zuname der Leitfähigkeit.

Um die Eignung des Messsystems auch für Mehrfrequenz-Messungen darzustellen, zeigt Abbildung 5.26 das Ergebnis von Messung und Rekonstruktion der Leitwertverteilung eines Apfels im Frequenzbereich von 24,4 kHz bis 391 kHz. Der Apfel hatte einen Durchmesser von ca. 70 mm und ein Gewicht von ca. 172 g und wurde im Tank ca. 2,5 cm vor Elektrode 1, analog zu den Kunststoffphantomen aufgehängt. In Ermangelung eines geeigneten Mehrfrequenz-Rekonstruktionsalgorithmus erfolgten die Rekonstruktionen – jeweils unabhängig voneinander – gegen die Messung des homogenen Tanks bei der entsprechenden Frequenz unter Vernachlässigung der Phase.

Das Ergebnis der Rekonstruktion zeigt erwartungsgemäß, dass der Leitwertunterschied im Vergleich zum Hintergrund mit steigender Frequenz (von oben links, bis unten rechts) aufgrund des Zellaufbaus des Apfels abnimmt. Dieses Verhalten ist analog zu dem Verhalten der gekochten Kartoffel, wie in Kapitel 4.8.2 dargestellt.

5.5.6 Messungen am Thorax

In diesem Abschnitt werden zur Verifikation der Eignung des EIT-Systems zur Messung der Änderung der Leitwertverteilung des Thorax einige Ergebnisse zusammengefasst dargestellt. Als Vorwärtsmodell für die Rekonstruktion wird dabei ein aus einer CT-Aufnahme eines männlichen Thorax abgeleitetes FEM-Modell verwendet. Abbildung 5.27 a) zeigt diese CT-Aufnahme[40] mit der Segmentation der Lungenflügel[41]. Abbildung 5.27 b) zeigt das daraus abgeleitete FEM-Modell mit 16 Elektroden, welches für die Rekonstruktion der Leitwertverteilung verwendet wird. Das FEM-Modell besteht aus ca. 100.000 Elementen und

---

[40] Zur Verfügung gestellt unter der CC BY 3.0-Lizenz, © J. Brunner 2010
[41] Zur Verfügung gestellt unter der CC BY 3.0-Lizenz, © EIDORS Project 2011

5.5 Messungen

a) Tankphantom homogen mit Salzwasser gefüllt

b) Tankphantom mit zwei Phantomen

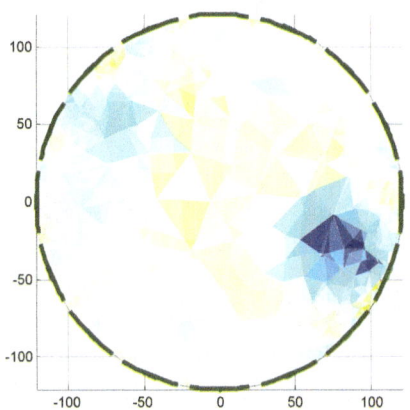

c) Rekonstruktionsergebnis der Differenzmessung

Abbildung 5.25: *Homogener und inhomogener Fall sowie das Rekonstruktionsergebnis der Differenzmessung. Die Phantome haben einen Durchmesser von 15 mm bzw. 20 mm und eine Höhe von 30 mm bzw. 50 mm. Eine Farbverschiebung in Richtung blau entspricht einer Abnahme der Leitfähigkeit, eine Verschiebung in Richtung gelb hingegen einer Zunahme der Leitfähigkeit.*

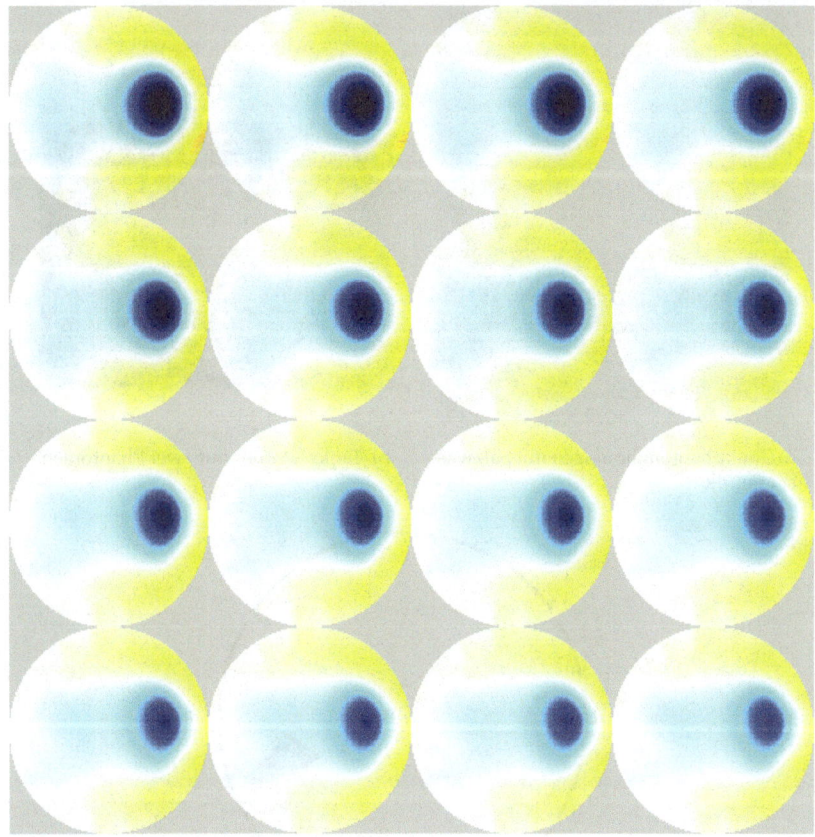

Abbildung 5.26: Ergebnis der Rekonstruktion der Leitwertverteilung eines Apfels im Frequenzbereich von 24,4 kHz (oben links) bis 391 kHz (unten rechts). Die Rekonstruktionen erfolgten unabhängig voneinander gegen die jeweilige Frequenzreferenz des leeren Tankphantoms. Eine Farbverschiebung gegenüber des weißen Hintergrunds in Richtung blau entspricht einer Abnahme der Leitfähigkeit, eine Verschiebung in Richtung gelb hingegen einer Zuname der Leitfähigkeit.

wurde mit der von [40] entwickelten Methode mithilfe von EIDORS generiert. Aufgrund der fehlenden Möglichkeit, eine Frequenzdiffe-

5.5 Messungen

renzrekonstruktion in EIDORS durchzuführen wird an dieser Stelle nur der Betrag der Impedanz bei 48.8 kHz für die Rekonstruktion verwendet.

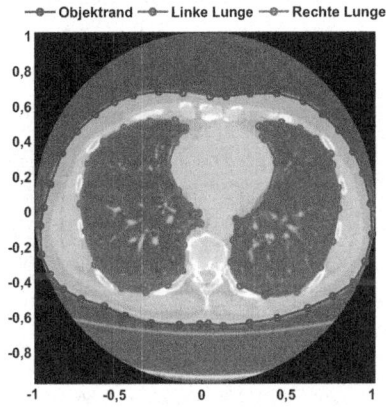
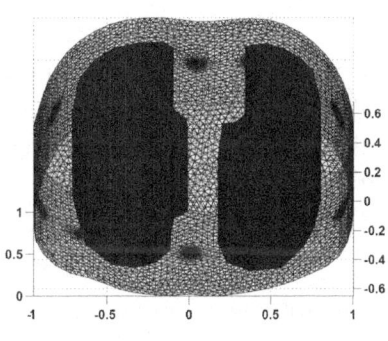

a) CT-Aufnahme eines männlichen Thorax, überlagert mit der Segemtation der Lungenflügel und des Objektrandes

b) Abgeleitetes FEM, bestehend aus ca. 100 000 Elementen mit 16 Elektroden

***Abbildung 5.27**: CT-Aufnahme und daraus abgeleitetes FEM eines männlichen Thorax, welches für die Rekonstruktion verwendet wird.*

Gemessen wurde am Thorax eines gesunden männlichen Probanden bei einer Stromamplitude von 5 mA über eine Zeit von 30 s mit einer Bildwiederhohlfrequenz von 4 FPS. Für ein optimales Ergebnis wurde der Proband gebeten, langsam und tief ein- und auszuatmen. Als Messprotokoll wurde die Messung über benachbarte Elektroden verwendet mit einem Abstand von 7 Elektroden, unter Einbeziehung der reziproken Kanäle. Das minimal und maximal gemessene Spannungs- bzw. Stromspektrum der Aufnahme ist in Abbildung 5.28 dargestellt. Im Gegensatz zu Abbildung 5.21, welche am homogenen Tankphantom aufgenommen wurde, liegt hier das minimale Spannungsspektrum auf der Höhe des Rauschlevels, obwohl das maximale Spektrum ein ähnlich hohes Maximum besitzt. Dies kann mit der Inhomogenität des Thorax mit seinen luftgefüllten Bereichen und der entstehenden Abschirmung einiger Spannungsmessungen erklärt werden. Als Indikator für eine zumindest in Teilbereichen sehr kleine Sensitivität trägt dieses Verhalten zur schlechten Lösbarkeit des EIT-Rekonstruktionsproblems bei (siehe Kapitel 3.4).

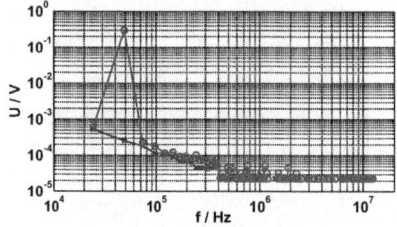
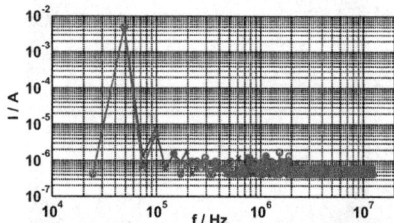

a) Minimales und maximales Spannungsspektrum. Die Leistungsparameter betragen: SINAD ≈ 0 dB$_{FS}$ / 93,2 dB$_{FS}$, ENOB ≈ 0 bit / 15,2 bit, SFDR ≈ 0 dB / 54,0 dB, THD+N ≈ 0 dB / 59,1 dB.

b) Minimales und maximales Stromspektrum. Die Leistungsparameter betragen: SINAD ≈ 86,7 dB$_{FS}$ / 86,8 dB$_{FS}$, ENOB ≈ 14,1 bit / 14,1 bit, SFDR ≈ 56,3 dB / 59,7 dB, THD+N ≈ 53,6 dB / 55,2 dB.

Abbildung 5.28: *Strom- und Spannungsspektra mit minimalem und maximalem Betrag bei der Anregungsfrequenz. Deutlich zu erkennen ist, dass das minimale Spannungsspektrum auf der Höhe des Rauschlevels liegt.*

Abbildung 5.29 zeigt den beispielhaften Verlauf der Impedanz über die 208 aufgenommen Messkanäle des ersten Rahmens. Wie zu erwarten war, ergibt sich eine deutliche Unregelmäßigkeit der Transferimpedanzmuster im Vergleich zu Abbildung 5.19 b), welche am homogenen Tankphantom aufgenommen wurde. Die Ursache dieses Verhaltens liegt in der im Gegensatz zum Tankphantom nicht homogenen Füllung und der nicht symmetrischen Form des Objektrandes (Thorax) begründet.

Die beispielhaften Reziprozitätsgenauigkeiten der Transferimpedanzmessungen der ersten beiden Rahmen über die jeweils 208 aufgenommen Messkanäle sind in Abbildung 5.30 zu sehen. Bis auf wenige Ausreißer bei sehr kleinen Transferimpedanzen ist die Reziprozitätsgenau-

5.5 Messungen

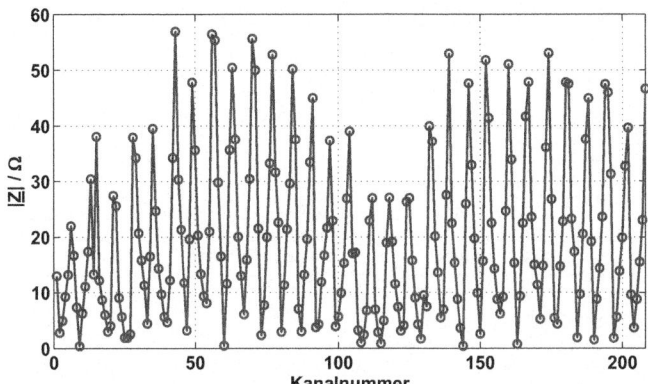

Abbildung 5.29: *Beträge der Transferimpedanzen des ersten Rahmens über die 208 aufgenommenen Messkanäle.*

igkeit sehr gut und entspricht in etwa dem Ergebnis der Messung am Tankphantom aus Abbildung 5.19 a).

Die Visualisierung des Atemzyklus ist als Ergebnis der Rekonstruktion der Leitwertverteilung über die gesamte Aufnahme in Abbildung 5.31 zu sehen. Dabei beträgt der Zeitschritt 250 ms und die schwarze Einfärbung repräsentiert eine konstante Leitfähigkeit gegenüber dem Referenzrahmen. Eine Einfärbung in Richtung Magenta entspricht einer Abnahme der Leitfähigkeit, eine Einfärbung in Richtung weiß hingegen einer Zunahme. Abbildung 5.32 zeigt zudem die mittlere Transferimpedanz über die aufgenommenen Rahmen, gemittelt über alle Messkanäle. Deutlich zu erkennen ist der Beginn des Ausatmungsvorgangs und das anschließende langsame und tiefe Aus- und Einatmen des Probanden.

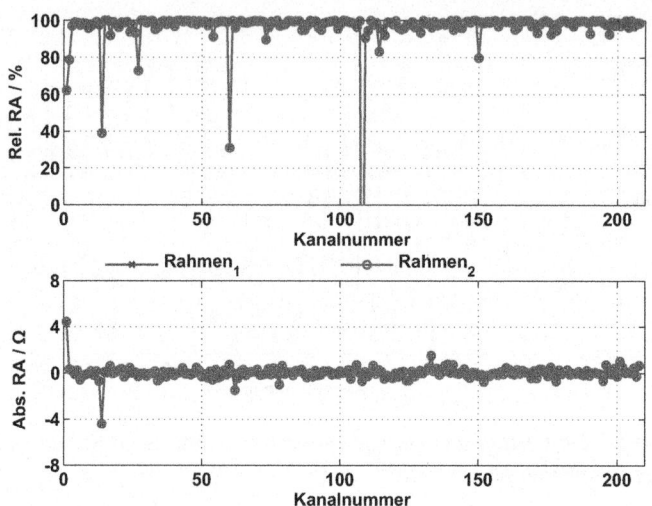

Abbildung 5.30: *Reziprozitätsgenauigkeiten der Transferimpedanzmessungen der ersten beiden Rahmen über die 208 aufgenommenen Messkanäle.*

5.6 Abschließende Bewertung

Mit der erfolgreichen Erweiterung des BMS (siehe Kapitel 4) zu einem seriellen Mehrfrequenz-EIT-Systems wurden verschiedene Messungen und Verifikationen durchgeführt. Dabei konnte dargestellt werden, dass die erreichte Systemauflösung von bis zu 14,6 bit zu einer absoluten Systemauflösungen (bei Chirp-Anregung im Messbereich bis 49 Ω) von besser als 41,5 mΩ führt. Aufgrund der gewählten Bauteile im Signalpfad mit geringen Toleranzen (siehe Kapitel 5.4), liegen die verbleibenden relativen Messunsicherheiten ohne Kalibrierung bei weniger als ± 1 % für den Betrag. Für eine genaue Phasenmessung muss hingegen eine kanalaufgelöste Kalibrierung durchgeführt werden, da sich hier das endliche Verstärkungsbandbreiteprodukt der PGA auswirkt (siehe Abbildung 5.11 b)). Aufgrund der hohen Wiederholgenauigkeit der Betrags- und Phasenmessung kann jedoch für Differenzbildgebung auf

5.6 Abschließende Bewertung

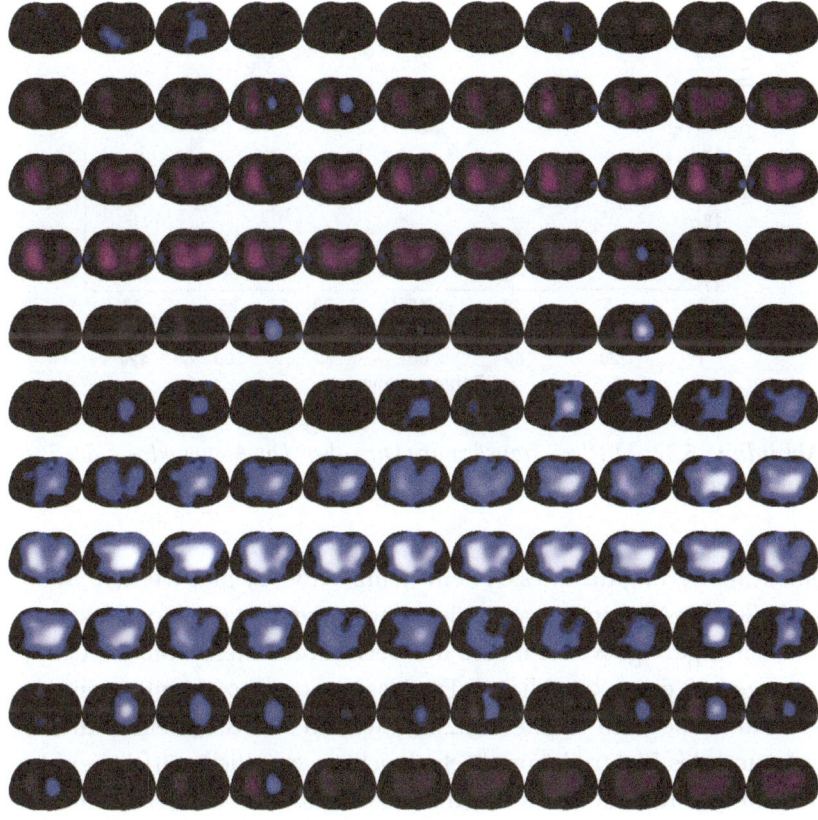

Abbildung 5.31: *Rekonstruktion der Leitwertverteilung über einen Atemzyklus von ca. 30 s aufgelöst in 121 Einzelbildern bei 4 FPS – eine Einfärbung in Richtung Magenta entspricht einer Abnahme der Leitfähigkeit, eine Einfärbung in Richtung weiß hingegen einer Zunahme. Aufgenommen an einem gesunden männlichen Probanden bei 48,8 kHz mit einer sinusförmigen Anregung von 5 mA. Deutlich zu erkennen ist das langsame und tiefe Aus- und Einatmen des Probanden.*

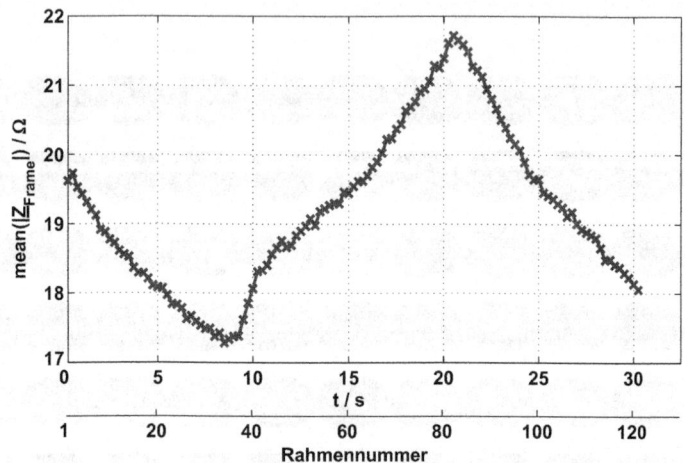

Abbildung 5.32: *Mittlere Transferimpedanz über den Atemzyklus – der Proband atmet erst langsam tief aus und anschließend tief ein und wieder aus.*

eine Kalibrierung des Messsystems gänzlich verzichtet werden. In anschließenden Messungen an Widerstands- und Tankphantomen konnte zusätzlich gezeigt werden, dass das verwendete Messprotokoll erwartungsgemäß einen erheblichen Einfluss auf die Reziprozitätsgenauigkeit hat (siehe auch Kapitel 3.2.2). So wirken sich die Gleichtaktfehler aufgrund des Elektrodenungleichgewichts wesentlich stärker bei kleinen Transferimpedanzmessungen aus (siehe Kapitel 4.7.1). Bei der Wahl eines größeren Elektrodenabstands und der damit einhergehenden Vergrößerung der Transferimpedanz wird dieser Einfluss deutlich abgeschwächt.

Aus elektrotechnischer Sicht sind die erzielten Messergebnisse auf Signalebene sehr gut, allerdings ist ein Vergleich mit dem Stand der Technik mangels verfügbarer Literatur sehr schwierig und daher nur eingeschränkt möglich. So erreicht das entwickelte EIT-System deutlich bessere Werte als das Göttinger Goe-MFII-EIT-System. Während das Goe-

5.6 Abschließende Bewertung

MFII-EIT-System einen SNR von 79,3 dB bis 85,9 dB bei ca. 49,9 kHz besitzt, erreicht das entwickelte EIT-System unter ähnlichen Testbedingungen einen frequenzabhängigen SINAD von mindestens 88,6 dB und damit fast eine Verdreifachung des SNR, die Standardabweichung ist entsprechend kleiner. Darüber hinaus sind die Kanal- und Standardabweichungen selbst bei Chirp-Anregung um ca. 33 % besser [41]. Ein Vergleich mit weiteren veröffentlichten Messungen ist leider aufgrund der sich stark unterscheidenden Testbedingungen nicht möglich. Darüber hinaus ist kein EIT-System bekannt, welches Chirp-Anregung zur Transferimpdanzmessung einsetzt.

Ein direkter Vergleich der Rekonstruktionsergebnisse mit dem Literaturstand ist aufgrund von fehlenden Standardphantomen nicht möglich. Allerdings zeigen die mit dem entwickelten EIT-System durchgeführten Messungen, dass das System im Prinzip für die Differenzbildgebung einsetzbar ist. Dabei konnte allerdings nicht das volle Potential des Messsystems ausgeschöpft werden, da kein Mehrfrequenz-Rekonstruktionsalgorithmus zur Verfügung steht, welcher die Phaseninformationen ausnutzt.

Aufbauend auf den gewonnen Erkenntnissen wird im folgenden Kapitel – wie in Kapitel 1.3 dargestellt – ein Aktivelektroden-System konzipiert. Das Aktivelektroden-System verspricht dabei aufgrund seines parallelen Aufbaus eine deutliche Erhöhung der Messgeschwindigkeit. Darüber hinaus können durch die Platzierung der Messelektronik direkt an den Elektroden die geschirmten Kabel zu den Elektroden eingespart werden, wodurch eine deutliche Erhöhung der oberen Messfrequenz bzw. eine deutliche Reduzierung der Messunsicherheit erreicht werden kann.

6 EIT-System basierend auf Aktivelektroden

Auf Basis des entwickelten EIT-Systems werden in diesem Kapitel Verbesserungsmöglichkeiten abgeleitet und für die nachfolgende Konzeption eines Aktivelektroden-Systems verwendet. So wurde im Verlauf dieser Arbeit dargestellt, dass die kapazitiven Eigenschaften der Zuleitungen zu den Elektroden einen entscheidenden Einfluss auf das Messergebnis haben (siehe Kapitel 4.5 und Kapitel 4.7.1). Um diese Effekte umgehen zu können, ohne auf die Anwendung geschirmter Kabel verzichten zu müssen, muss die Messhardware in die unmittelbare Nähe zu den Elektroden gebracht werden. Im Idealfall befindet sich somit die Elektronik direkt auf der Elektrode, wodurch gänzlich auf eine geschirmte Kabelverbindung zwischen Elektrode und Elektronik verzichtet werden kann. Diese Kombination aus Elektrode und Elektronik wird im Folgenden als „Aktivelektrode" bezeichnet. Aktivelektroden-Systeme sind im Allgemeinen flexibler, einfach erweiterbar und können aufgrund ihres parallelen Aufbaus deutlich schneller vollständige Rahmen aufnehmen (siehe Kapitel 3.3.3). Allerdings sind die Systemkosten durch die redundant vorhandene Hardware im Allgemeinen deutlich höher [63, 69, 87, 104].

6.1 Anforderungsanalyse

Die Anforderungen an das zu konzipierende Aktivelektroden-EIT-System entsprechen grundlegend den Ergebnissen der Anforderungsanalyse des entwickelten Mehrfrequenz-EIT-Systems aus Kapitel 5.1. Zusätzlich wird zur Reduktion von Bewegungseinflüssen eine signifikante Erhöhung der Bildwiederholfrequenz auf über 40 FPS angestrebt. Dies soll aufgrund des parallelen Aufbaus über simultane Spannungsmessungen auf allen Aktivelektroden realisiert werden. Durch eine gleichzeitige Erweiterung des Frequenzbereichs auf 10 kHz bis 1 MHz soll zudem eine bessere spektroskopische Gewebe-Charakterisierung ermöglicht werden. Zusätzlich soll das Messsystem eine skalierbare Anzahl von Elektroden besitzen und beliebige Messprotokolle, d. h. beliebige Kombinationen von Einspeisung und Messung, unterstützen. Dadurch soll es möglich sein, zwischen mehreren Elektrodenebenen Transferimpedanzmessungen durchführen zu können (zu Realisierung von 3D-EIT, vgl. Kapitel 1.1).

6.2 Systemarchitektur

Die gewählte Systemarchitektur des Aktivelektrodensystems wird in die Aktivelektroden, einen Aktivelektroden-Controller und einen Steuerungscomputer aufgeteilt. Während die eigentliche Messung der Differenzspannungen und die Einspeisung des Anregungsstroms auf den Aktivelektroden erfolgt, wird der Aktivelektroden-Controller als Schnittstelle zwischen Aktivelektroden und Steuerungscomputer verwendet. Die Aktivelektroden und der Aktivelektroden-Controller sind dabei über ein erweiterbares Bussystem miteinander verbunden. Um störanfällige Analogsignalverbindungen möglichst kurz zu halten, erfolgt die Digitalisierung der für die Transferimpedanzmessung benötigten Differenzspannungen direkt auf den einzelnen Aktivelektroden. Dafür wird die Spannungsdifferenz aus dem abgeleiteten Elektrodenpotential und einem, über das Bussystem geführten, aktiv getriebenen Bezugspotential gebildet [104]. Durch diese lokale Digitalisierung können die Messdaten anschließend über das Bussystem verlustfrei zum Aktivelektroden-Controller übertragen werden. Abbildung 6.1 zeigt das Blockschaltbild des Aktivelektroden-Systems. Das System besteht aus den einzelnen Aktivelektroden (15), dem zentralen Aktivelektroden-Controller (oder einer erweiterten Aktivelektrode, 17), dem Bussystem (16), einem medizinischem Netzteil (18), einer galvanischen USB-Isolierung (19) und einem Steuerungscomputer (20) für die Bildrekonstruktion und Darstellung.

6.2 Systemarchitektur

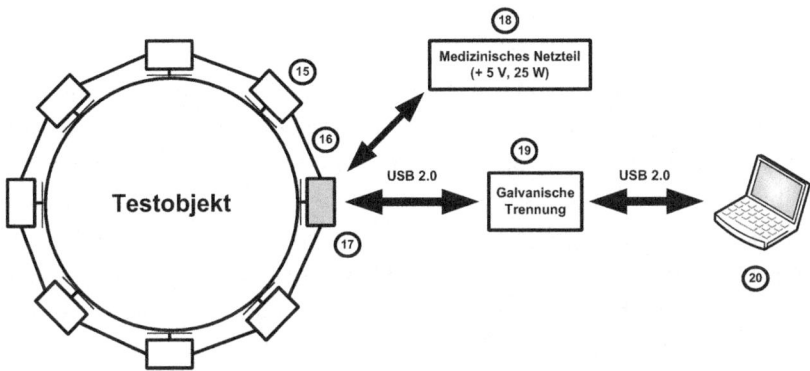

Abbildung 6.1: *Blockschaltbild des Aktivelektroden-Systems. Die Aktivelektroden werden direkt am Testobjekt befestigt und mit einem Bussystem untereinander verbunden (basierend auf [104]).*

Durch diesen Aufbau erlaubt das Aktivelektroden-System eine flexible Messung ohne kompliziertes Multiplexing bei gleichzeitiger Minimierung der Anzahl der Leitungen, die vom Messobjekt wegführen. Das Prinzip der Messung ist in Abbildung 6.2 dargestellt.

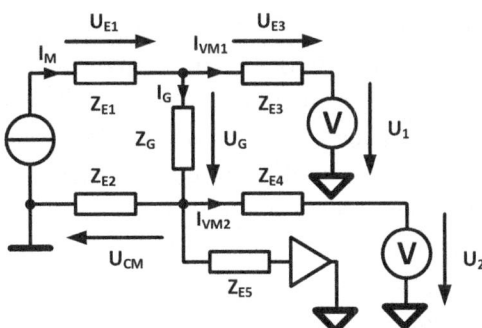

Abbildung 6.2: *Getriebenes Bezugspotential. Die Gleichtaktspannung (engl. CMV) wird über eine zusätzliche Aktivelektrode gemessen und als Bezugspotential für die anderen Messungen verwendet.*

Während das Grundprinzip der Vier-Elektroden-Messung aus Kapitel 2.2.2 erkennbar ist, erfolgt die eigentliche Differenzspannungsmessung nicht unmittelbar zwischen zwei Elektroden, sondern zwischen einer Elektrode und dem aktiven Bezugspotential (dargestellt als schwarzes Dreieck), das ungefähr dem Gleichtaktpotential entspricht. Dabei wird das aktive Bezugspotential mit einer zusätzlichen – fünften – Elektrode (Z_{E5}) abgeleitet und durch einen Spannungsfolger getrieben. Da in der Praxis das Messobjekt in der Regel ein inhomogener Volumenleiter ist, entspricht das Bezugsspannungspotential nicht exakt dem Gleichtaktpotential. Diese Abweichung ist allerdings wesentlich kleiner als die Gleichtaktspannung U_{CM} und kann daher vernachlässigt werden. Durch die Messanordnung ist es somit möglich, die Potentiale an den verschieden Elektroden durch Differenzspannungsmessung gegen das Bezugspotentials – prinzipiell gleichtaktfrei – zu messen. Die eigentliche Gewebespannung U_G wird durch Differenzbildung zwischen U_1 und U_2 ermittelt. Durch die Messung gegen das getriebene Bezugspotential sind zudem die Spannungsabfälle U_1 und U_2 an den Spannungsmessern – gegenüber der Messung gegen die Betriebsmasse – deutlich kleiner. Dies führt daher zu einer Verringerung der Fehlerströme I_{VM1} und I_{VM2}. Darüber hinaus kann mit der Kenntnis der Höhe der Bezugsspannung und des Messstroms I_M die Elektroden-Haut-Übergangsimpedanz (ESI) Z_{E2} direkt gemessen werden. Durch die in der EIT üblichen Permutation der Messanordnung während der Transferimpedanzmessung können somit alle ESI gemessen werden. Die Werte der ESI können anschließend für die Datenkorrektur oder zur Überwachung des Elektrodenzustands (z. B. zur Detektion von schlechten Kontakten) benutzt werden. Eine weitere theoretische Möglichkeit ist die Auswertung der ESI zur Abschätzung der Schweißproduktion. Diese Abschätzungen können beispielsweise für die Gewinnung von Modellparametern für Oberflächen-Shunt-Impedanzen zwischen den einzelnen Elektroden verwendet werden oder als Indikator des Patientenzustands.

6.2 Systemarchitektur

6.2.1 Aktivelektrode

Abbildung 6.3 zeigt das Blockschaltbild einer einzelnen Aktivelektrode (15). Der grundlegende Aufbau ist dabei erwartungsgemäß ähnlich zu dem entwickelten EIT-System aus Kapitel 5, wobei das Multiplexing durch die parallele Spannungsmessung auf allen Aktivelektroden deutlich vereinfacht werden konnte. Wie bei den vorherigen Systemen wird aufgrund der großen Datenmengen ein FPGA in Kombination mit einem Soft-Mikrocontroller für die Datenerfassung und -verarbeitung bzw. Ablaufsteuerung verwendet.

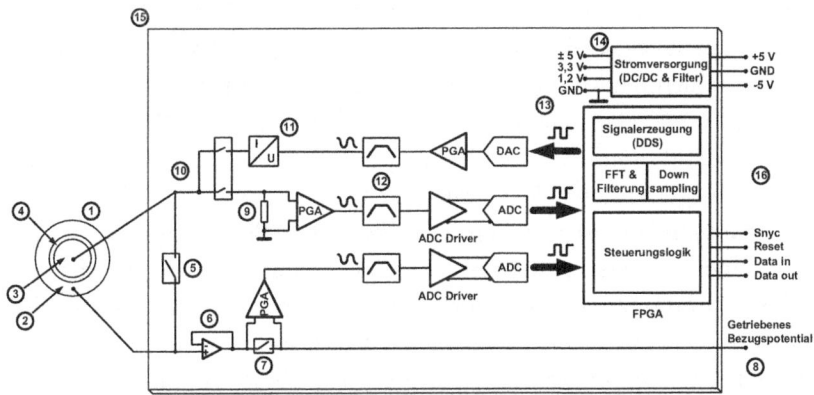

Abbildung 6.3: *Blockschaltbild einer Aktivelektrode*

Die einzelnen Aktivelektroden lassen sich in einen von fünf Betriebsmodi konfigurieren: 1. Spannungsmessung, 2. Stromquelle, 3. Stromsenke, 4. Bezugspotentialbildung und 5. Offline, wobei die Spannungsmessung prinzipiell auch parallel zu den Modi 2. und 3. möglich ist. Durch diesen Aufbau ist es zudem möglich, gleichzeitig Strom über alle Elektroden einzuspeisen und so die Stromverteilung zu optimieren (vgl. [88]). Der eigentliche Kontakt zum Messobjekt wird mittels Compound-Elektroden (1) hergestellt. Eine Compound-Elektrode besteht aus einer Strom- (3) und einer Spannungselektrode (2), welche durch einen Isolator (4) getrennt sind. Die Compound-Elektrode kann alternativ durch eine oder auch zwei konventionelle Elektroden ersetzt werden (Schalter (5)). Compound-Elektroden bieten allerdings den Vorteil, durch Trennung von Strom- und Spannungselektrode eine Vier-Leiter-Messung auf kleinstem Raum zu ermöglichen und so die Anzahl der unabhängigen Messungen zu erhöhen (siehe Kapitel 5.5.2).

Da bei der Bioimpedanzmessung die Anordnung Patient, Hautoberfläche, Elektrode eine hochohmige Quelle bildet, wird das abzuleitende Spannungssignal von den Elektroden über einen Spannungsfolger (6) geführt, der diese hochohmige Signalquelle entkoppelt. Die Trennung von Strom- und Spannungselektroden hat weiterhin den Vorteil, dass an der Spannungselektrode durch den im Vergleich zum klassischen Aufbau fehlenden Multiplexer deutlich geringere Eingangskapazitäten wirksam sind. Darüber hinaus sind alle Spannungselektroden stets stromfrei und damit für die Messung nutzbar. Dies führt im Vergleich zum nicht getrennten Elektroden-Fall zu einer Erhöhung der Anzahl der unabhängigen Messungen. Das abgeleitete Spannungssignal wird über einen Differenzverstärker mit programmierbarer Verstärkung (PGA) zur optimalen Ausnutzung des Eingangsspannungsbereichs des ADC verstärkt und mit dem aktiven Bezugspotential (8) verglichen. Die entstehende Differenzspannung wird gefiltert (12) und mit einem ADC digitalisiert. Das digitalisierte Signal wird anschließend weiterverarbeitet und durch eine FFT in den Spektralbereich transformiert, dezimiert sowie über ein Bussystem (16) an den Aktivelektroden-Controller übertragen. Im Betriebsmodus Bezugspotentialbildung ist Schalter (7) geschlossen und die Aktivelektrode treibt das Bezugspotential. Der Multiplexer (10, hier zwei einfache Schalter) wird verwendet, um die Aktivelektrode über das digitale Interface als Stromquelle bzw. Stromsenke konfigurieren zu können.

Im Betriebsmodus „Stromquelle" wird das digitale Bit-Wort, welches vom FPGA (13) via DDS erzeugt wird, über einen DAC in ein analoges Signal umgesetzt. Anschließend wird dieses Signal zwecks Strom-

6.2 Systemarchitektur

bereichsanpassung über einen PGA verstärkt. Das erzeugte Signal ist sowohl in Frequenz, Amplitude und Signalform frei konfigurierbar (vgl. Implementierung im BMS, siehe Kapitel 4.2). Nach anschließender Filterung wird das Signal durch die VCCS in einen Konstantstrom überführt, der in das Testobjekt eingespeist wird.

Im Betriebsmodus „Stromsenke" dient der Stromshunt (9) der Strommessung im Fußpunkt (siehe auch Kapitel 4.2). Die Strommessung im Fußpunkt bietet den Vorteil, dass sowohl Phasenverschiebungen durch den Multiplexer als auch dessen Stromabfluss deutlich weniger Einfluss auf die Genauigkeit der Transferimpedanzmessung haben (siehe Kapitel 2.4.2). Der Spannungsabfall am Stromshunt wird ebenfalls per PGA verstärkt, anschließend gefiltert (12) und mittels eines ADC digitalisiert. Die Filter dienen der Rauschreduktion und als Interpolations- bzw. Antialiasing-Filter. Das Bit-Wort wird anschließend durch das FPGA-System weiter aufbereitet und an den Aktivelektroden-Controller übertragen. Das FPGA-System (13) dient zudem als zentrale Steuer- und Datenverarbeitungseinheit der Aktivelektrode. Auf dem FPGA sind unter anderen: Mittelwertbildung, digitale Filterung, Dezimierung, eine FFT sowie die DDS implementiert. Die Spannungsversorgung (1,2 V / 3,3 V) für die digitalen Komponenten wird auf der Aktivelektrode mithilfe von DC/DC-Wandlern aus der externen Versorgung erzeugt. Die Analogspannungen ($\pm$ 5 V) werden hingegen direkt durch Filterung aus der externen Versorgung gewonnen.

6.2.2 Aktivelektroden-Controller und Bussystem

Für die externe Ansteuerung der Aktivelektroden wird ein Aktivelektroden-Controller (17) verwendet. Der Controller bündelt und komprimiert die Messdaten der einzelnen Aktivelektroden – ankommend über das Bussystem (16) – und überträgt diese per USB (23) an den Steuerungscomputer (20). Der Aktivelektroden-Controller basiert, wie die Aktivelektroden, auf einem FPGA-System (26), um die großen Datenmengen in Echtzeit verarbeiten zu können. Ein zusätzlicher PGA (21) wird verwendet, um die Spannungsdifferenz zwischen dem aktivem Bezugspotential und der Systemmasse zu bilden. Diese Messung kann z. B. zur Bestimmung der ESI genutzt werden (siehe Kapitel 6.2). Die Differenzspannung wird anschließend gefiltert und digitalisiert und vom FPGA weiterverarbeitet. Abbildung 6.4 zeigt das Blockschaltbild des Aktivelektroden-Controllers zusammen mit dem Bussystem (16).

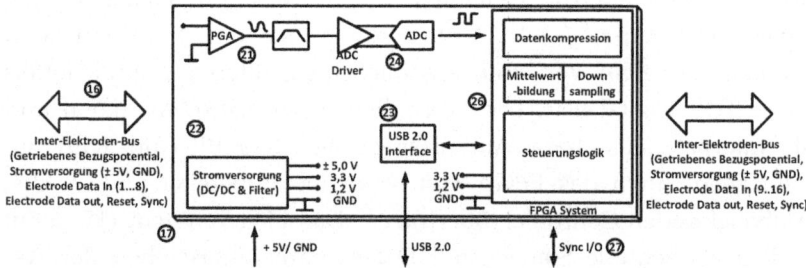

Abbildung 6.4: *Blockschaltbild des Aktivelektroden-Controllers. Der Aktivelektroden-Controller ist in der Mitte des Inter-Elektroden-Busses positioniert und steuert die Datenerfassung.*

Das Bussystem enthält, neben verschiedenen Leitungen für die Spannungsversorgung (22, ± 5V) und Rückleitungen für die Messdaten von den Aktivelektroden, jeweils eine Leitung für ein Reset-, Synchronisations- und Steuerungssignal sowie für das aktive Bezugspotential. Während das Reset-Signal für die Rücksetzung in den Ruhezustand verwendet wird, liefert das Synchronisierungssignal einen Referenzzeitpunkt, um eine gleichzeitige Digitalisierung aller Aktivelektroden zu gewährleisten. Als Taktgeber ist dafür der Aktivelektroden-Controller vorgesehen, welcher sich in der Mitte des Aktivelektroden-Rings befindet (siehe Abbildung 6.1). Um die Phasenverschiebung des Taktsignals aufgrund der benötigten Buslänge

6.2 Systemarchitektur

und der Ausbreitungsgeschwindigkeit ausgleichen zu können, muss auf den Aktivelektroden zudem eine PLL zur positionsabhängigen Verschiebung der Taktphasenlage vorgesehen werden. Anderenfalls würde die systematische Verschiebungen des Abtastzeitpunktes zu Messabweichungen führen[42] (siehe auch Kapitel 2.5.5). Um mehrere Elektrodenebenen und auch Messungen zwischen diesen Elektrodenebene zu unterstützen, kann das Aktivelektroden-System zudem über das Synchronisierungssignals mit anderen Aktivelektroden-Systemen verschaltet werden. Zu diesem Zweck ist es möglich, das aktive Bezugspotential zwischen den Elektrodenebenen über die Aktivelektroden-Controller zu verteilen. Die Datenübertragung zum PC läuft in diesem Fall aufgrund der Einfachheit und aus Kanalkapazitätsgründen mittels mehrerer USB-Verbindungen[43]. Es ist weiterhin denkbar, das Synchronisierungssignal zusammen mit dem Reset-Signal und dem Bezugspotential über eine gemeinsame Leitung zu übertragen, um Leitungen einzusparen. In diesem Fall müssen die Signale in geeigneter Weise vom aktiven Bezugspotential, z. B. mittels eines Frequenz-Multiplexings, getrennt werden. Alternativ kann die Information über die Höhe des Bezugspotentials auch digital an die Aktivelektroden übertragen und mit einem DAC unmittelbar auf den jeweiligen Aktivelektroden erzeugt werden [104]. Für die praktische Realisierung des benötigten Bussystems bietet sich die Integration in einen Elektrodengürtel an. So ist es vorstellbar, einen Elektrodengürtel aus flexiblen Leiterplatten oder Fachbandkabeln zusammen mit einem Silikonträger zu fertigen (vgl. Offenlegungsschrift [79] bzw. dem in [29] beschriebenen Konzept).

---

[42] Ausgehend von einer maximalen Buslänge von jeweils 1 m, der Lichtgeschwindigkeit c und einem Verkürzungsfaktor von 0,66 kann sich eine Taktverschiebung $t = 1\,m/c/0,66$ von bis zu 5 ns ergeben.
[43] Es ist auch ein alternativer Aufbau denkbar, welcher Ethernet-Verbindungen benutzt.

6.3 Abschließende Bewertung

Auch wenn eine Implementation des Aktivelektroden-Systems aus Zeit- und Kostengründen nicht durchgeführt werden konnte, sind die erwarteten Eigenschaftsverbesserungen des Aktivelektroden-Systems – verglichen mit dem Stand der Technik – signifikant. So führt die deutliche Reduzierung der Streukapazitäten durch das vereinfachte Multiplexing und die Einsparung der Kabel sowie die Digitalisierung unmittelbar an den Elektroden zu einer deutlichen Reduktion der systematischen Messunsicherheit nach den Gleichungen (4.17) und (4.18). Dadurch bietet sich die Möglichkeit, die maximale Anregungsfrequenz deutlich zu erhöhen, um so genauere spektroskopische Messungen zu ermöglichen. Durch die Verwendung des aktiven Bezugspotentials reduziert sich zudem die wirksame Gleichtaktspannung bei der anschließenden Differenzbildung und somit auch die entsprechenden Fehlerströme. Der Aufbau des Messsystems als vollständiges Parallelsystem mit der Möglichkeit, auf jeder Elektrode Strom einspeisen und Spannungen messen zu können, erschließt zudem ein ganz neues Forschungsfeld. So ist die Systemarchitektur in Bezug auf die Anzahl der Elektroden und Freiheit des Messprotokolls nahezu vollständig skalierbar. Dadurch können die Elektroden auch auf mehreren Ebenen angeordnet werden, um so die Leitwertverteilung dreidimensional ermitteln zu können.

Die Herausforderungen für eine Implementierung des Aktivelektroden-Systems sind neben der Ausgestaltung der Datenübertragung die Elektronikentwicklung, welche eine kleine und flache Baugruppe mit einer geringen Leistungsaufnahme erzeugen muss. Die Datenübertragung kann dabei kabelgebunden oder drahtlos erfolgen, wobei eine drahtlose Verbindung im Allgemeinen eine deutlich geringere Datenrate aufweist. Um diese Anforderungen zu erfüllen, wird vorgeschlagen, das Design auf einem FPGA-basierten Embedded System mit einem dediziertem Mikrocontroller zu realisieren, wobei aus Kosten- und

6.3 Abschließende Bewertung

Größengründen eine spätere Integration in einen Application Specific Integrated Circuit (ASIC) angestrebt werden sollte. Wichtig bei der späteren Realisierung des Aktivelektroden-Systems ist die Beachtung der Leistungsaufnahme der Aktivelektroden, um eine zu große Wärmeentwicklung am Probanden sowie Probleme beim Energietransport vom Controller zu den Aktivelektroden zu vermeiden. Ein weiterer Aspekt ist die Gestaltung des Elektrodengürtels und insbesondere die Frage der Sterilisation und Wiederverwendbarkeit. So wäre aus Kosten- und Hygienegründen eine einfache Trennungsmöglichkeit von Elektrode und Elektronik wünschenswert.

7 Zusammenfassung und Ausblick

Ziel dieser Arbeit war die Verbesserung der Instrumentierung der Bioimpedanzmessung mit einem besonderen Fokus auf der Anwendung in der Elektroimpedanztomographie (EIT). Dieses Ziel wurde durch die Erhöhung des Signal-Rausch-Abstandes – bei gleichzeitiger Ermöglichung von quasi-simultanen spektroskopischen Mehrfrequenz-Messungen in einem Frequenzbereich von 10 kHz bis 391 kHz, mit einer Auflösung nach Betrag und Phase – erreicht. Zu diesem Zweck wurde nach der Erarbeitung und Darlegung der entsprechenden theoretischen Grundlagen zunächst ein hochauflösendes Mehrfrequenz-Bioimpedanzmesssystem (BMS) für zeitlich aufgelöste Bioimpedanzmessungen entwickelt, um Messerfahrungen mit der Bioimpedanzmessung zu sammeln. Das BMS konnte dabei für die Bestimmung von verschieden Parametern, z. B. der Elektrode-Haut-Übergangsimpedanz oder von Gewebeimpedanzen, verwendet werden. Nach der erfolgreichen Verifikation und Kalibrierung des BMS wurde dessen Hardware- und Softwarekern für die Entwicklung eines seriellen Mehrfrequenz-EIT-Systems weiter verwendet. Mithilfe dieses EIT-Systems wurden zu Demonstrationszwecken verschiedene Messungen an Widerstands- und Tankphantomen sowie Messungen am menschlichen Thorax zur Visualisierung der Atmung durchgeführt. Den Abschluss dieser Arbeit bildete die Konzeption eines parallelen Mehrfrequenz-Aktivelektroden-EIT-Systems. Dabei verspricht das entwickelte Systemkonzept eine gleichzeitige Erhöhung der oberen Messfrequenz zusammen mit einer signifikanten Erhöhung der Bildwechselfrequenz. Darüber hinaus kann aufgrund der nicht mehr benötigen langen Kabel von Elektrode zur Elektronik mit einer erheblichen Verringerung der Messunsicherheit – gegenüber dem klassischem Aufbau mit langen Kabeln – gerechnet werden.

Mit dem entwickelten BMS und dem EIT-System sind hochgenaue spektroskopische Bioimpedanzmessungen bei einer hohen zeitlichen

Auflösung von bis zu 3480 ISPS möglich. Darüber hinaus können selbst kleinste Betrags- und Phasenänderungen – aufgrund der hohen Auflösung und Wiederholgenauigkeit – sicher aufgelöst werden. So konnten z. B. Messungen der herzschlagsinduzierten Impedanzänderung des Unterarms in der Größenordnung von $\pm$ 50 mΩ bzw. $\pm$ 0,015° mit dem BMS durchgeführt werden. Mithilfe des EIT-Systems konnte zudem die in [2] vorgeschlagene Erhöhung des Elektrodenabstands (engl. electrode skip) zur Erhöhung der Bildqualität auf Signalebene messtechnisch bestätigt werden.

Trotz der erzielten Ergebnisse können zukünftige Verbesserungen und Entwicklungen aufgezeigt werden. So besteht die Möglichkeit, durch neuere und komplexere Komponenten die Auflösung der Impedanzmessung weiter zu verbessern, indem die Auflösung der ADC bzw. die Rechenauflösung und Länge der FFT weiter erhöht wird bzw. höhere Abtastraten und längere Mittelwertbildungen genutzt werden. Auch die dargestellte Möglichkeit, einen Übertragungstransformator zur Reduktion der Gleichtaktspannung zu verwenden oder der Einsatz einer symmetrischen Stromquelle, konnte nicht abschließend untersucht werden. Darüber hinaus sind weitere Tests mit dem entwickelten EIT-System durchzuführen, um z. B. die Idee des Mikrotankphantoms oder der Compound-Elektroden weiterzuentwickeln. Anschließend sollte das Konzept des Aktivelektroden-EIT-Systems in ein Funktionsmuster und später in einen Prototypen überführt werden, um das Systemkonzept zu validieren. Zudem könnte die Firmware so modifiziert werden, dass Echtzeitmessungen und Rekonstruktionen durchgeführt werden können. Dies kann z. B. durch ein Herauslösen der Software aus MATLAB und durch eine Migration der Software in eine kompilierbare Hochsprache wie z. B. C# erfolgen. Weiterhin könnte gleichzeitig die Datenübertragung optimiert und eine drahtlose Datenübertragung der signifikanten FFT-Punkte implementiert werden.

Ein Aspekt der in dieser Arbeit durch die Fokussierung auf Instrumentierung nur oberflächlich bearbeitet wurde, ist die eigentliche

7 Zusammenfassung und Ausblick

Rekonstruktion der Leitwertverteilung. Gerade auf diesem Gebiet ergeben sich im Anschluss an diese Arbeit durch die mit dem entwickelten Messsystem möglichen genauen, nach Betrag und die Phase aufgelösten, spektroskopischen Transferimpedanzmessungen deutliche Verbesserungspotentiale. So ist es denkbar, aufgrund der Frequenzdifferenzmessung bestimmte Organe zu erkennen und diese für die anschließende Bildgebung zu registrieren und als a-priori-Wissen in die Rekonstruktion einzubeziehen. Auch die zusätzlichen Möglichkeiten des Aktivelektroden-Systems können durch die vorhandenen Rekonstruktionsalgorithmen in EIDORS nicht vollständig ausgeschöpft werden, sodass auch hier die Notwendigkeit von Erweiterungen besteht. Eine weitere Idee, welcher nachgegangen werden könnte, ist die Schätzung oder Korrektur der Objektform bzw. des Vorwärtsmodells auf Basis des Verlaufs der gemessenen Transferimpedanzen über einen Rahmen. So könnte ein der Transferimpedanzmessung nachgeschalteter Optimierungalgorithmus das Vorwärtsmodell erheblich realitätsnäher gestalten und so zu einer Verbesserung der Bildqualität beitragen.

Literaturverzeichnis

[1] ADLER, A.; ARNOLD, J. H.; BAYFORD, R.; BORSIC, A.; BROWN, B.; DIXON, P.; FAES, T. J. C.; FRERICHS, I.; GAGNON, H.; GÄRBER, Y.; GRYCHTOL, B.; HAHN, G.; LIONHEART, W. R. B.; MALIK, A.; PATTERSON, R. ; J-STOCKS; TIZZARD, A.; WEILER, N.; WOLF, G. K.: GREIT: a unified approach to 2D linear EIT reconstruction of lung images. *Physiological Measurement* 30 (2009), S. 35–55. http://dx.doi.org/10.1088/0967-3334/30/6/S03. – DOI 10.1088/0967-3334/30/6/S03

[2] ADLER, A.; GAGGERO, P. O.; MAIMAITIJIANG, Y.: Adjacent stimulation and measurement patterns considered harmful. *Physiological Measurement* 32 (2011), S. 731–744. http://dx.doi.org/10.1088/0967-3334/32/7/S01. – DOI 10.1088/0967-3334/32/7/S01

[3] ADLER, A.; LIONHEART, W. R. B.: Uses and abuses of EIDORS: an extensible software base for EIT. *Physiological Measurement* 27 (2006), S. 25–42. http://dx.doi.org/10.1088/0967-3334/27/5/S03. – DOI 10.1088/0967-3334/27/5/S03

[4] ADLER, A.: *Data Quality and Inverse Problems.* Bayesian Image Reconstruction Workshop, University of Manchester. www.mims.manchester.ac.uk/MIRAN/Adler_MIRAN.pdf. Version: 04.03.2013. – Vortrag

[5] ANNUS, P.; LAND, R.; REIDLA, M.; OJARAND, J.; MUGHAL, Y.; MIN, M.: Simplified signal processing for impedance spectroscopy with spectrally sparse sequences. *Journal of Physics: Conference Series* 434 (2013), Nr. 1, 012031. http://dx.doi.org/10.1088/1742-6596/434/1/012031. – DOI 10.1088/1742-6596/434/1/012031

[6] ARDELT, G.: *Untersuchung der Elektrode-Haut-Impedanz mit kohlenstoffbasierten Elektroden*, Fachhochschule Lübeck, Diplomarbeit, 2012

[7] BARBER, D. C.; BROWN, B. H.: Applied potential tomography. *Journal of Physics Scientific Instrumentation* 17 (1984), S. 723–733. http://dx.doi.org/10.1088/0022-3735/17/9/002. – DOI 10.1088/0022-3735/17/9/002

[8] BARBER, D.; AVIS, N. J.: Single step Algorithms for image reconstruction. In: *IEEE colloquium on Electrical Impedance Tomography/Applied Potential Tomography*, 1992, S. 1–3

[9] BARSOUKOV, E. (Hrsg.); MCDONALD, J. (Hrsg.): *Impedance Spectroscopy: Theory, Experiment, and Applications*. Wiley, Hoboken, 2005. – ISBN: 0-471-64749-7

[10] BAYFORD, R. H.: Bioimpedance tomography (electrical impedance tomography). *Annual Review of Biomedical Engineering* 8 (2006), S. 63–91. http://dx.doi.org/10.1146/annurev.bioeng.8.061505.095716. – DOI 10.1146/annurev.bioeng.8.061505.095716

[11] BERNSTEIN, D. P.: Impedance cardiography: Pulsatile blood flow and the biophysical and electrodynamic basis for the stroke volume equations. *Journal of Electrical Bioimpedance* 1 (2010), S. 2–17. http://dx.doi.org/10.5617/jeb.51. – DOI 10.5617/jeb.51

[12] BIRKETT, A.: Bipolar current source maintains high output impedance at high frequencies. *EDN DesignIdeas* 12 (2005), Dezember, S. 128–130

[13] BOONE, K. G.; HOLDER, D. S.: Current approaches to analogue instrumentation design in electrical impedance tomography. *Physiological Measurement* 17 (1996), 229-247. http://dx.doi.

org/10.1088/0967-3334/17/4/001. – DOI 10.1088/0967-3334/17/4/001

[14] BOONET, K.; BARBER, D.; BROWN, B.: Imaging with electricity: Report of the European Concerted Action on Impedance Tomography. *Journal of Medical Engineering & Technology* 21 (1997), Nr. 6, S. 201–232

[15] BRECKON, W. R.; PIDCOCK, M. K.: Some Mathematical Aspects of Electrical Impedance Tomography. Version: 1988. http://dx.doi.org/10.1007/978-3-642-83306-9_18. In: VIERGEVER, M. A. (Hrsg.); TODD-POKROPEK, A. (Hrsg.): *Mathematics and Computer Science in Medical Imaging* Bd. 39. Springer Berlin Heidelberg, 1988. – DOI 10.1007/978-3-642-83306-9_18, S. 351–362

[16] BRÜHL, M.; BOURGEOIS, M. H.: *Kann Mathematik der elektrischen Impedanztomographie zum Durchbruch verhelfen?* http://www.numerik.mathematik.uni-mainz.de/geit/jogu.pdf 2001. – Johannes Gutenberg-Universität Mainz

[17] BROWN, B. H.: Electrical impedance tomography (EIT): a review. *Journal of Medical Engineering & Technology* 27 (2003), S. 97–108. http://dx.doi.org/10.1080/0309190021000059687. – DOI 10.1080/0309190021000059687

[18] BROWN, B. H.: Medical impedance tomography and process impedance tomography: a brief review. *Measurement Science and Technology* 12 (2001), 991-996. http://dx.doi.org/10.1088/0957-0233/12/8/301. – DOI 10.1088/0957–0233/12/8/301

[19] BRUNNER, J. X.; BÖHM, S. H.: Swisstom BB^2 / Swisstom AG. 2014 (2ST100-112) – Product Information

[20] CALDERÓN, A. P.: On an inverse boundary value problem. *Computational & Applied Mathematics* 25, N. 2-3 (2006), S. 133–138. – Re-

printed from the Brazilian Mathematical Society (SBM) in ATAS of SBM (Rio de Janeiro), pp. 65-73, 1980.

[21] COLE, K. S.; COLE, R. H.: Dispersion and Absorption in Dielectrics I. Alternating Current Characteristics. *Journal of Chemical Physics* 9 (1941), February, 341-352. http://dx.doi.org/10.1063/1.1750906. – DOI 10.1063/1.1750906

[22] DRÄGER-MEDICAL: Electrical Impedance Tomography / Dräger Medical AG & Co. KG. 2006 (90 50 980 / 09.06-1) – Forschungsbericht

[23] DRÄGER-MEDICAL: PulmoVista 500 Technical Data Sheet / Dräger Medical AG & Co. KG. 2011 (9066475) – Datenblatt

[24] FABRIZI, L.; MCEWAN, A.; WOO, E.; HOLDER, D. S.: Analysis of resting noise characteristics of three EIT systems in order to compare suitability for time difference imaging with scalp electrodes during epileptic seizures. *Physiological Measurement* 28 (2007), S. 217–236. http://dx.doi.org/10.1088/0967-3334/28/7/S16. – DOI 10.1088/0967-3334/28/7/S16

[25] FAES, T. J. C.; MEIJ, H. A. d.; MUNCK, J. C.; HEETHAAR, R. M.: The electric resistivity of human tissues (100 Hz-10 MHz): a meta-analysis of review studies. *Physiological Measurement* 20 (1999), R1-R10. http://dx.doi.org/10.1088/0967-3334/20/4/201. – DOI 10.1088/0967-3334/20/4/201

[26] FRANZ, J.: *EMV - Störungssicherer Aufbau elektronischer Schaltungen*. 4. Auflage. Vieweg +Teubner, Wiesbaden, 2011. http://dx.doi.org/10.1007/978-3-8348-9802-9. http://dx.doi.org/10.1007/978-3-8348-9802-9. – ISBN 978-3-8348-0893-6

[27] FRERICHS, I.; SCHIFFMANN, H.; HAHN, G.; DUDYKEVYCH, T.; JUST, A.; HELLIGE, G.: Funktionelle elektrische Impedanzto-

mographie - Eine Methode zur bettseitigen Überwachung der regionalen Lungenfunktion. *Itensivmedizin* 42 (2005), S. 66–73. http://dx.doi.org/10.1007/s00390-005-0584-y. – DOI 10.1007/s00390–005–0584–y

[28] GAGGERO, P. O.; GRYCHTOL, B.; ADLER, A.; WALDMANN, A.; KOCH, V. M.: Towards a common and open file format for electrical impedance tomography. In: *Proceedings 13th International Conference on Biomedical Applications of Electrical Impedance Tomography*, 2012, S. 1–4

[29] GAGGERO, P. O.: *Miniaturization and Distinguishability Limits of Electrical Impedance Tomography for Biomedical Application*, University of Neuchâtel, Diss., 2011

[30] GAGGERO, P. O.; ADLER, A.; BRUNNER, J.; SEITZ, P.: Electrical impedance tomography system based on active electrodes. *Physiological Measurements* 33 (2012), 831-847. http://dx.doi.org/10.1088/0967-3334/33/5/831. – DOI 10.1088/0967–3334/33/5/831

[31] GAGNON, H.; COUSINEAU, M.; ADLER, A.; HARTINGER, A. E.: A Resistive Mesh Phantom for Assessing the Performance of EIT Systems. *IEEE transactions on biomedical engineering* 57 (2010), Nr. 9, S. 2257–2266. http://dx.doi.org/10.1109/TBME.2010.2052618. – DOI 10.1109/TBME.2010.2052618. – ISSN: 0018-9294

[32] GÖBEL, H.: *Einführung in die Halbleiter-Schaltungstechnik*. 4. Auflage. Springer, Berlin, 2011. http://dx.doi.org/10.1007/978-3-642-20887-4. http://dx.doi.org/10.1007/978-3-642-20887-4. – ISBN 978-3-642-20886-7

[33] GE, K.; LIFENG, R.: FPGA-based Digital Phase-Sensitive Demodulator for EIT System. In: *Proceedings of the 8th International Conference on Electronic Measurement and Instruments*, 2007, S. 1–4

[34] GOHARIAN, M.; BRUWER, M. J.; JEGATHEESAN, A.; MORAN, G. R.; MACGREGOR, J. F.: A novel approach for EIT regularization via spatial and spectral principal component analysis. *Physiological Measurement* 28 (2007), S. 1001–1016. http://dx.doi.org/10.1088/0967-3334/28/9/003. – DOI 10.1088/0967-3334/28/9/003

[35] GORDON, R.; ZORKOVA, V.; MIN, M.; RÄATSEP, I.: Visualizing transplanted muscle flaps using minimally iunvasive multi-electrode bioimpedance spectroscopy. *Journal of physics* Conference Series 224-012103 (2010), S. 1–4. http://dx.doi.org/10.1088/1742-6596/224/1/012103. – DOI 10.1088/1742-6596/224/1/012103

[36] GRAHAM, B. M.; ADLER, A.: Objective selection of hyperparameter for EIT. *Physiological Measurement* 27 (2006), Nr. 5, 65-79. http://dx.doi.org/10.1088/0967-3334/27/5/S06. – DOI 10.1088/0967-3334/27/5/S06

[37] GRIFFITHS, H.: Multifrequency EIT systems. In: *IEEE colloquium on Electrical Impedance Tomography/Applied Potential Tomography*, 1992, S. 1–3

[38] GRIFFITHS, H.: A Cole phantom for EIT. *Physiological Measurement* 16 (1995), S. A29–A38. http://dx.doi.org/10.1088/0967-3334/16/3A/003. – DOI 10.1088/0967-3334/16/3A/003

[39] GRIMNES, S.; MARTINSEN, O. G.: *Bioimpedance and Bioelectricity Basics*. 2nd Edition. Academic Press, Waltham, 2008. – ISBN-13: 978-0-12-374004-5

[40] GRYCHTOL, B.; LIONHEART, W. R. B.; BODENSTEIN, M.; WOLF, G.; ADLER, A.: Impact of Model Shape Mismatch on Reconstruction Quality in Electrical Impedance Tomography. *IEEE transactions on Medical Imaging* 31 (2012), Sept, Nr. 9, S. 1754–1760.

http://dx.doi.org/10.1109/TMI.2012.2200904. – DOI 10.1109/TMI.2012.2200904. – ISSN 0278–0062

[41] HAHN, G.; JUST, A.; DITTMAR, J.; HELLIGE, G.: Systematic errors of EIT systems determined by easily-scalable resistive phantoms. *Physiological Measurement* 29 (2008), 163-172. http://dx.doi.org/10.1088/0967-3334/29/6/S14. – DOI 10.1088/0967-3334/29/6/S14

[42] HALTER, R. J.; HARTOV, A.; PAULSEN, K. D.: A broadband high-frequency electrical impedance tomography system for breast imaging. *IEEE transactions on biomedical engineering* 55 (2008), February, S. 650–659. http://dx.doi.org/10.1109/TBME.2007.903516. – DOI 10.1109/TBME.2007.903516

[43] HANSEN, P. C.: The L-Curve and its Use in the Numerical Treatment of Inverse Problems. *Computational Inverse Problems in Electrocardiology*, ed. P. Johnston, Advances in Computational Bioengineering, WIT Press, 2000, S. 119–142

[44] HARTOV, A.; DEMIDENKO, E.; SONI, N.; MARKOVA, M.; PAULSEN, K.: Using voltage sources as current drivers for electrical impedance tomography. *Measurement Science and Technology* 13 (2002), 1425-1430. http://dx.doi.org/10.1088/0957-0233/13/9/307. – DOI 10.1088/0957–0233/13/9/307

[45] HENDERSON, R. P.; WEBSTER, J. G.: An Impedance Camera for Spatially Specific Measurements of the Thorax. *IEEE transactions on Biomedical Engineering* Bd. BME-25, 1978, S. 250–255

[46] HENSCHEL, J.: *Evaluierung und Realisierung der Bildrekonstruktion für einen Elektroimpedanz Tomographen*, Fachhochschule Lübeck, Diplomarbeit, 2012

[47] HENSCHEL, J.; KAUFMANN, S.; LATIF, A.; SAPUTRA, W. C.; MORAY, T.; RYSCHKA, M.: Electrical Impedance Tomography Image

Reconstruction with EIDORS. In: *Proceedings of the first Student Conference on Medical Engineering Science*, 2012, S. 27–31

[48] HINZ, J.; HAHN, G.; QUINTEL, M.: Elektrische Impedanztomographie - Reif für die klinische Routine bei beatmeten Patienten? *Anesthesist* 57 (2008), S. 61–69. http://dx.doi.org/10.1007/s00101-007-1273-y. – DOI 10.1007/s00101–007–1273–y

[49] HOLDER, D. S. (Hrsg.): *Electrical Impedance Tomography - Methods, History and Applications*. 1. Institute of Physics Publishing, London, 2005. – ISBN-13: 978-0750309523

[50] HOLDER, D.: Electrical Impedance Tomography of brain function. In: *Automation Congress, 2008. WAC 2008. World*, 2008, S. 1–6

[51] HOLLBORN, S.: *Ein inverses Ruckstreuproblem der elektrischen Impedanztomographie*, Johannes Gutenberg-Universitat Mainz, Dissertation, 2012

[52] HOTOP, H.-J.; OBERG, H.-J.: *Fourier- und Laplacetransformation. Theorie und Anwendungen in der Elektrotechnik*. 2. Auflage. Wißner-Verlag, Augsburg, 1997 (Inf & Ing). – ISBN-13: 978-3896390806

[53] JANN, B.: *Einführung in die Statistik*. 2. Auflage. Oldenbourg, München, 2005. – ISBN-13: 978-3486576870

[54] JENNINGS, D.; SCHNEIDER, I. D.: Front-end architecture for a multifrequency electrical impedance tomography system. *Medical & Biological Engineering & Computing* 39 (2001), S. 368–374. http://dx.doi.org/10.1007/BF02345293. – DOI 10.1007/BF02345293

[55] JONGSCHAAP, H.; WYTCH, R.; HUTCHISON, J.; KULKARNI, V.: Electrical Impedance Tomography: a review of current literature. *European Journal of Radiology* 18 (1994), S. 165–174. http://dx.doi.org/10.1016/0720-048X(94)90329-8. – DOI 10.1016/0720–048X(94)90329–8

[56] KAUFMANN, S.; ARDELT, G.; RYSCHKA, M.: A high accuracy Bioimpedance Measurement System - System Design and first Measurements. In: *Proceedings of the 5th International Workshop on Impedance Spectroscopy*, 2012, S. 1–2

[57] KAUFMANN, S.; BIEDERER, S.; SATTEL, T. F.; KNOPP, T.; BUZUG, T. M.: A Surveillance Unit for Magnetic Particle Imaging Systems. In: *Magnetic Nanoparticles: Particle Science, Imaging Technology, and Clinical Applications*, 2010, S. 169–174

[58] KAUFMANN, S.; LATIF, A.; MORAY, T.; SAPUTRA, W. C.; HENSCHEL, J.; RYSCHKA, M.: A flexible FPGA SoC based multi-frequency EIT Hardware Platform. In: *Proceedings of the 13th International Conference on Biomedical Applications of Electrical Impedance Tomography*, 2012, S. 1

[59] KAUFMANN, S.; LATIF, A.; SAPUTRA, W. C.; MORAY, T.; HENSCHEL, J.; RYSCHKA, M.: Multi-frequency Electrical Impedance Tomography for Intracranial Applications. In: *World Congress on Medical Physics and Biomedical Engineering May 26-31, 2012, Beijing, China* Bd. 39, Springer, 2012 (IFMBE Proceedings), S. 961–963. – ISBN-13: 978-3-642-29304-7. – http://dx.doi.org/10.1007/978-3-642-29305-4_252. – DOI 10.1007/978–3–642–29305–4_252

[60] KAUFMANN, S.; MALHOTRA, A.; ARDELT, G.; HUNSCHE, N.; BRESSLEIN, K.; KUSCHE, R.; RYSCHKA, M.: A System for In-Ear Pulse Wave Measurements. In: *Proceedings of the third Student Conference on Medical Engineering Science*, 2014, S. 271–274

[61] KAUFMANN, S.; MALHOTRA, A.; ARDELT, G.; RYSCHKA, M.: A high accuracy broadband measurement system for time resolved complex bioimpedance measurements. *Physiological Measurement* 35 (2014), S. 1163–1180. http://dx.doi.org/10.1088/0967-3334/35/6/1163. – DOI 10.1088/0967–3334/35/6/1163

[62] KAUFMANN, S.; MORAY, T.; LATIF, A.; SAPUTRA, W.; HENSCHEL, J.; RYSCHKA, M.: A micro Electrical Impedance Tomography System for Vessel Studies. In: *World Congress on Medical Physics and Biomedical Engineering May 26-31, 2012, Beijing, China* Bd. 39, Springer, 2012 (IFMBE Proceedings), S. 964–966. – ISBN-13: 978-3-642-29304-7. – http://dx.doi.org/10.1007/978-3-642-29305-4_253. – DOI 10.1007/978–3–642–29305–4_253

[63] KAUFMANN, S.; SANCHEZ, R. M.; RYSCHKA, M.: An Active Electrode system for Electrical Impedance Tomography. In: *Biomedizinische Technik/Biomedical Engineering*. Band 56, 2011, S. 1. – ISSN (Online) 1862-278X, ISSN (Print) 0013-5585. http://dx.doi.org/10.1515/bmt.2011.845. – DOI 10.1515/bmt.2011.845

[64] KAUFMANN, S.; SAPUTRA, W. C.; MORAY, T.; LATIF, A.; HENSCHEL, J.; RYSCHKA, M.: A Multi-frequency EIT System for irreversible Electroporation Feedback. In: *World Congress on Medical Physics and Biomedical Engineering May 26-31, 2012, Beijing, China* Bd. 39, Springer, 2012 (IFMBE Proceedings), S. 954–956. – ISBN-13: 978-3-642-29304-7. – http://dx.doi.org/10.1007/978-3-642-29305-4_250. – DOI 10.1007/978–3–642–29305–4_250

[65] KAUFMANN, S.; ARDELT, G.; MALHOTRA, A.; RYSCHKA, M.: In-Ear Pulse Wave Measurements: A Pilot Study. In: DÖSSEL, O. (Hrsg.): *Biomedical Engineering / Biomedizinische Technik* Bd. 58, 2013, S. 1–2. – ISSN (Online) 1862-278X, ISSN (Print) 0013-5585. http://dx.doi.org/10.1515/bmt-2013-4128. – DOI 10.1515/bmt-2013-4128

[66] KAUFMANN, S.; ARDELT, G.; RYSCHKA, M.: Measurements of Electrode Skin Impedances using Carbon Rubber Electrodes - First Results. *Journal of Physics: Conference Series* 434 (2013), Nr.

1, 012020. http://dx.doi.org/10.1088/1742-6596/434/1/012020. – DOI 10.1088/1742–6596/434/1/012020

[67] KAUFMANN, S.; LATIF, A.; RYSCHKA, M.: A flexible FPGA based multi-frequency EIT Hardware Platform - First Measurements. In: PLIQUETT, U. (Hrsg.): *Proceedings of the XVth International Conference on Electrical Bio-Impedance (ICEBI) and the XIVth Conference on Electrical Impedance Tomography (EIT)*, 1

[68] KAUFMANN, S.; MALHOTRA, A.; RYSCHKA, M.: A FPGA based Measurement System for the Estimation of the Stroke Volume of the Heart by measuring Bioimpedance Changes - First Results. In: PLIQUETT, U. (Hrsg.): *Proceedings of the XVth International Conference on Electrical Bio-Impedance (ICEBI) and the XIVth Conference on Electrical Impedance Tomography (EIT)*, 1

[69] KAUFMANN, S.; RYSCHKA, M.: A novel, multi-frequency EIT System Architecture with Active Electrodes and early Digitalization at the Electrodes. In: *Proceedings of the 13th International Conference on Biomedical Applications of Electrical Impedance Tomography*, 2012, S. 1–4

[70] KESTER, W.: Understand SINAD, ENOB, SNR, THD, THD + N, and SFDR so You Don't Get Lost in the Noise Floor / Analog Devices. 2008 (MT-003) – Technical Note

[71] KRAMME, R. (Hrsg.): *Medizintechnik: Verfahren - Systeme - Informationsverarbeitung*. 4. Springer, Berlin, 2011. – ISBN: 978-3-642-16187-2

[72] KUBICEK, W. G.: On the Source of Peak First Time Derivative (dZ/dt) During Impedance Cardiography. In: *Annals of Biomedical Engineering* 17 (1989), Nr. 5, S. 459–462. http://dx.doi.org/10.1007/BF02368065. – DOI 10.1007/BF02368065

[73] KUSCHE, R.; KAUFMANN, S.; RYSCHKA, M.: Design, Development and Comparison of two Different Measurements Devices for Time-Resolved Determination of Phase Shifts of Bioimpedances. In: *Proceedings of the third Student Conference on Medical Engineering Science*, 2014, S. 115–119

[74] KUSCHE, R.: *Entwurf, Aufbau und messtechnischer Vergleich zweier Messapparaturen zur zeitaufgelösten Bestimmung der Phasenverschiebung der Bioimpedanz*, Fachhochschule Lübeck, Bachelorarbeit, February 2013

[75] KUSCHE, R.: *Entwicklung eines Messsystems zur Bestimmung der Pulswellengeschwindigkeit im Ohr*, Hochschule für Angewandte Wissenschaften (HAW) Hamburg, Masterarbeit, August 2014

[76] LATIF, A.: *Entwicklung von Hard- und Software für einen FPGA basierten Elektroimpedanz Tomographen für intrakranielle Anwendungen*, Fachhochschule Lübeck, Diplomarbeit, 2012

[77] LATTICE SEMICONDUCTOR: High-Speed PCB Design Considerations / Lattice Semiconductor. 2006 (TN1033) – Technical Note

[78] LEE, J. W.; OH, T. I.; PAEK, S. M.; LEE, J. S.; WOO, E. J.: Precision Constant Current Source for Electrical Impedance Tomography. In: *Proceedings of the 25th Annual International Conference of IEEE EMBS*, 2003, S. 1066–1069

[79] LEONHARDT, S.; TESCHNER, E.; HAMPE, M.; STEEN, H.-W.; LI, J.; HOFFMANN, K.; GÄRBER, Y.; MATTHIESSEN, H.; DEGENHART, R.; SAHMKOW, D.: *Elektrodengürtel*. 2013 Patentschrift DE10315863B4

[80] LERCH, R.: *Elektrische Messtechnik - Analoge, digitale und computergestützte Verfahren*. 6. Auflage. Springer Vieweg, Berlin, 2012. http://dx.doi.org/10.1007/978-3-642-22609-0. http://dx.doi.org/10.1007/978-3-642-22609-0. – ISBN 978-3-642-22608-3

[81] LESPARRE, N.; A, A.; GIBERT, D.; NICOLLIN, F.: Electrical Impedance Tomography in geophysics, application of EIDORS. In: *EIT Conference Proceedings 2011*, 2011, S. 1–4

[82] MALHOTRA, A.; KAUFMANN, S.; ARDELT, G.; RYSCHKA, M.: A System for Multi-Modal Assessment of Cardiovascular Parameters - Design and Measurements. In: *Proceedings of the third Student Conference on Medical Engineering Science*, 2014, S. 111–114

[83] MALHOTRA, A.: *A System for Multi-Modal Assessment of Cardiaovascular Parameters-Design, Test and Measurements*, Lübeck University of Applied Sciences and University of Lübeck, Master Thesis, 2013

[84] MARQUINA-SANCHEZ, R.; KAUFMANN, S.; RYSCHKA, M. ; SATTEL, T.; BUZUG, T.: A Control Unit for a Magnetic Particle Spectrometer. Version: 2012. http://dx.doi.org/10.1007/978-3-642-24133-8 49. In: BUZUG, T. M. (Hrsg.); BORGERT, J. (Hrsg.): *Magnetic Particle Imaging* Bd. 140. Springer Berlin Heidelberg. – ISBN 978–3–642–24132–1, 309-312

[85] MARQUINA-SANCHEZ, R.: *Design and Verification of a Controller for an Active-Electrode Electrical Impedance Tomography System*, Lübeck University of Applied Sciences and University of Lübeck, Master Thesis, Dezember 2011

[86] MATTHIESSEN; WEISMANN; LI; GÄRBER; PÖCHER; STEEGER: *Elektroimpedanztomographie-Gerät mitGleichtaktsignalunterdrückung.* Lübeck, 2005. – Offenlegungsschrift: DE102005031751A10

[87] MCEWAN, A.; CUSICK, G.; HOLDER, D. S.: A review of errors in multi-frequency EIT instrumentation. *Physiological Measurement* 28 (2007), S. 197–215. http://dx.doi.org/10.1088/0967-3334/28/7/S15. – DOI 10.1088/0967–3334/28/7/S15

[88] MCLEOD, C.; LIDGEY, F.; ZHU, Q.: Multiple drive EIT systems. In: *IEEE colloquium on Electrical Impedance Tomography/Applied Potential Tomography*, 1992, S. 1–3

[89] MEYER-BAESE, U.: *Digital Signal Processing with Fieldprogrammable Gate Arrays*. 3rd Edition. Springer, Berlin, 2007. – ISBN 978-3-540-72612-8

[90] MÜHL, T.: *Einführung in die elektrische Messtechnik*. 3. Auflage. Vieweg + Teubner, Wiesbaden, 2012 (Studium). http://dx.doi.org/10.1007/978-3-8351-9226-3. http://dx.doi.org/10.1007/978-3-8351-9226-3. – ISBN 978-3-8351-0189-0

[91] MIN, M.; LAND, R.; PAAVLE, T.; PARVE, T.; ANNUS, P.; TREBBELS, D.: Broadband spectroscopy of dynamic impedances with short chirp pulses. *Physiological Measurement* 32 (2011), 945-958. http://dx.doi.org/10.1088/0967-3334/32/7/S16. – DOI 10.1088/0967–3334/32/7/S16

[92] MIN, M.; PLIQUETT, U.; NACKE, T.; BARTHEL, A.; ANNUS, P.; LAND, R.: Broadband excitation for short-time impedance spectroscopy. *Physiological Measurement* 29 (2008), S. 185–192. http://dx.doi.org/10.1088/0967-3334/29/6/S16. – DOI 10.1088/0967–3334/29/6/S16

[93] MITZNER, K.: *Complete PCB Design Using OrCad Capture and PCB Editor*. first edition. Elsevier, Amsterdam, 2009. – ISBN 978-0-7506-8971-7

[94] NORM: *DIN1319-1: Grundlagen der Meßtechnik - Teil 1: Grundbegriffe*. 1995. – Deutsche Fassung

[95] NORM: *DIN EN IEC 60601-1 (VDE 0750-1) - Medizinisch elektrische Geräte - Teil 1: Allgemeine Festlegungen für die Sicherheit einschließlich der wesentlichen Leistungsmerkmale*. 2007. – Deutsche Fassung

[96] OH, T. I.; LEE, J. W.; KIM, K. S.; LEE, J. S.; WOO, E. J.: Digital Phase-Sensitive Demodulator for Electrical Impedance Tomography. In: *Proceedings of the 25th Annual International Conference of IEEE EMBS*, 2003, S. 1–3

[97] *Kapitel* 10. In: PAAVLE, T.; MIN, M.; PARVE, T.: *Fourier Transform - Signal Processing - Aspects of Using Chirp Excitation for Estimation of Bioimpedance Spectrum*. InTech, 1-21. – ISBN 978-953-51-0453-7

[98] PETROVA, G. I.: Influence of electrode impedance changes on the common-mode rejection ratio in bioimpedance measurements. *Physiological Measurement* 20 (1999), S. N11–N19. http://dx.doi.org/10.1088/0967-3334/20/4/401. – DOI 10.1088/0967-3334/20/4/401

[99] POLYDORIDES, N.: *Image Reconstruction Algorithms for Soft-Field Tomography*, University of Manchaester - Institute of Science and Technology, Diss., 2002

[100] POLYDORIDES, N.; LIONHEART, W. R. B.: A Matlab toolkit for three-dimensional electrical impedance tomography a contribution to the Electrical Impedance and Diffuse Optical Reconstruction Software project. *Measurement Science and Technology* 13 (2002), S. 1871–1883. http://dx.doi.org/10.1088/0957-0233/13/12/310. – DOI 10.1088/0957-0233/13/12/310

[101] RICH, A.: Understanding Interference-Type Noise - How to Deal with Noise without Blackmagic. *Analog Dialogue* 16-3 (1982), S. 1–4. – Application Note 346

[102] RICH, A.: Shielding and Guarding - How to Exclude Interference-Type Noise - What to Do and Why to Do it - A Rational Approach. *Analog Dialogue* 17-1 (1983), S. 1–6. – Application Note 347

[103] ROSELL, J.; RIU, P.: Common-mode feedback in electrical impedance tomography. *Physiological Measurement* 13 (1992), S.

A11–A14. http://dx.doi.org/10.1088/0143-0815/13/
A/002. – DOI 10.1088/0143–0815/13/A/002

[104] RYSCHKA, M.; KAUFMANN, S.: *Messvorrichtung und Messverfahren für die Elektroimpedanz-Tomographie mit aktivem Bezugspotential.* 2013. – Offenlegungsschrift, DE 10 2012 003 229 A1

[105] SANCHEZ, B.; LOUARROUDI, E.; JORGE, E.; CINCA, J.; BRAGOS, R.; PINTELON, R.: A new measuring and identification approach for time-varying bioimpedance using multisine electrical impedance spectroscopy. *Physiological Measusurement* 34 (2013), S. 339–357. http://dx.doi.org/10.1088/0967-3334/34/3/339.
– DOI 10.1088/0967–3334/34/3/339

[106] SAPUTRA, W. C.; KAUFMANN, S.; MORAY, T.; LATIF, A.; HENSCHEL, J.; RYSCHKA:, M.: Multi-frequency Electrical Impedance Tomography for irreversible Electroporation. In: *Proceedings of the first Student Conference on Medical Engineering Science*, 2012, S. 39–43

[107] SAPUTRA, W. C.: *Entwurf, Implementierung und Verifikation eines FPGA- basierten elektrischen Impedanz-Tomographen für die Elektroporation*, Fachhochschule Lübeck, Diplomarbeit, 2012

[108] SCHÖBERL, J.: NETGEN - An advancing front 2D/3D-mesh generator based on abstract rules. *Computing and Visualization in Science* 1 (1997), Nr. 1, S. 41–52. http://dx.doi.org/10.1007/s007910050004. – DOI 10.1007/s007910050004

[109] SCHERZER, O. (Hrsg.): *Handbook of Mathematical Methods in Imaging.* Bd. 1. Springer, Berlin, 2011. http://dx.doi.org/10.1007/978-0-387-92920-0. http://dx.doi.org/10.1007/978-0-387-92920-0. – ISBN 978-0-0387-92920-0

[110] SCHNEIDER, I. D.; KLEFFEL, R.; JENNINGS, D.; COURTENAY, A.: Design of an electrical impedance tomography phantom using

active elements. *Medical & Biological Engineering & Computing* 38 (2000), S. 390–394. http://dx.doi.org/10.1007/BF02345007. – DOI 10.1007/BF02345007

[111] SCHWAN, H. P.; KAY, C. F.: The Conductivity of Living Tissue. In: *University of Pennsylvania, Philadelphia, Pa.* 1 (1957), S. 1007–1013. http://dx.doi.org/10.1111/j.1749-6632.1957.tb36701.x. – DOI 10.1111/j.1749–6632.1957.tb36701.x

[112] SEMIG, P.: *Fully Understanding CMRR in DAs, IAs, and OAs*. Online, 2012. – Texas Instruments, Vortrag

[113] SILICON LABORATORIES: *Improving ADC Resolution by Oversampling and Averaging* / Silicon Laboratories. 2013 (AN118) – Application Note

[114] SMITH, S. W.: *The Scientist and Engineer's Guide to Digital Signal Processing*. 2nd. California Technical Publishing, San Diego DSPguide.com. – ISBN 0-9660176-6-8

[115] TARANTOLA, A.: *Inverse Problem Theory*. 1th Edition. Siam, Philadelphia, 2005. – ISBN 0-89871-572-5

[116] TEXAS INSTRUMENTS: *Optimierung von High-Speed-Datenwandler-Designs*. Proceedings der Texas Instruments Development Days 2010, Hannover, 2010. – Vortragsunterlagen

[117] TEXAS INSTRUMENTS: *Der richtige Datenwandler für Ihre Anwendung*. Proceedings der Texas Instruments Development Days 2010, Hannover, 2010. – Vortragsunterlagen

[118] THIEL, F.: *Bioimpedanz-Analysator zur nichtinvasiven Funktions- und Zustandsanalyse von Organen und Gewebe*, Universität Hannover, Diss., 2003

[119] TREBBELS, D.: *Broadband Measurement Techniques for Impedance Spectroscopy and Time Domain Reflectometry Applications*, Albert-Ludwigs-Universität Freiburg im Breisgau, Dissertation, February 2013. – ISBN-13: 9783954043606

[120] WANG, F.: *Design and Evaluation of ± 5V Power supply for the Electrical Impedance Tomography (EIT)*, Lübeck University of Applied Sciences and East China University of Science and Technology, Bachelor Thesis, 2013

[121] WEBSTER, J. G. (Hrsg.): *Medical Instrumentation - Application and Design*. Forth Edition. Wiley, Hoboken, 2010. – ISBN-13: 978-0471153689

[122] WOO, E. J.; HUA, P.; WEBSTER, J.; TOMPKINGS, W. J.; PALLAS-ARENY, R.: Skin impedance measurements using simple and compound electrodes. *Med. & Biol. Eng. & Comput.* 30 (1992), S. 97–102. http://dx.doi.org/10.1007/BF02446200. – DOI 10.1007/BF02446200

[123] YASIN, M.; BÖHM, S.; GAGGERO, P. O.; ADLER, A.: Evaluation of EIT system performance. *Physiological Measurement* 32 (2011), S. 851–865. http://dx.doi.org/10.1088/0967-3334/32/7/S09. – DOI 10.1088/0967-3334/32/7/S09

[124] ZHAO, B.: *A Novel Excitation Pattern and Image Reconstruction Algorithms for Electrical Impedance Tomography*, Tian Jiang University, Diss., 2007

[125] ZHAO, X.; KAUFMANN, S.; RYSCHKA, M.: A comparison of different multi-frequency Current Sources for Impedance Spectroscopy. In: *Proceedings of the 5th International Workshop on Impedance Spectroscopy*, 2012, S. 1–2

[126] ZHAO, X.: *Analysis and Evaluation of different Current Sources for the Electrical Impedance Tomography (EIT)*, Lübeck University of App-

lied Sciences and East China University of Sciences and Technology, Bachelor Thesis, 2012

[127] ZHU, Q.; WILLIAM R. B, L.; LIDGEY, F. J.; MCLEOD, C. N.; PAULSON, K. S.; PIDCOCK, M. K.: An adaptive current tomography using voltage sources. *IEEE Transactions on biomedical engineering* 40 (1993), S. 163–168. http://dx.doi.org/10.1109/10.212056. – DOI 10.1109/10.212056

The manufacturer's authorised representative in the EU is Springer Nature Customer Service Centre GmbH, Europaplatz 3, 69115 Heidelberg, Germany. If you have any concerns regarding our products, please contact ProductSafety@springernature.com

Printed and bound by CPI Group (UK) Ltd, Croydon, CR0 4YY
25/03/2026
02078193-0005